天下雜誌
觀念領先

稻盛和夫

生存之道

暢銷紀念版

人生真正重要的事

Kazuo Inamori
稻盛和夫 著　呂美女 譯

生き方

稻盛和夫　生存之道（暢銷紀念版）⊙目錄

第1章 讓思想成真

第2章

就原理與原則去思考

第3章 磨練、提高心志 165

第4章 用利他的心生活 225

第5章 跟宇宙洪流取得協調 275

序章

生存之道

因應渾沌時代，重新探索「生存之道」

我們正處於極度渾沌、眼前一片迷茫的「不安的時代」。生活算是富裕，內心卻不滿足；衣食應該飽足，卻欠缺節制；社會應該自由，卻充滿閉塞氣氛；只要拿出幹勁就可以得到一切，但是人類卻軟弱悲觀，甚至有人因此犯罪、製造醜聞。

為何如此閉塞的景況會覆蓋整個社會？理由是大多數人找不到生存的意義與價值，而失去人生的方向。我想，應該不只我個人這樣認為，眼前社會如此混亂，起因在於人們普遍欠缺人生觀。

處於這樣的時代，我認為大家必須徹底地問自己：「人為什麼活著？」

首先必須正面面對這個問題，確立自己的生活方針的「哲學」。這裡所謂的哲學，也可以說是一種理念或思想。

要做到這樣，可能如同在沙漠裡灑水般徒勞無功，或者像在急流中打樁般困難。然而，正因為我們所處的，是一個充滿「鄙視努力、流汗」風潮的時代，因此我相信，此刻單純、直接的提問，具有相當重要的意義。

除非我們去嘗試徹底從頭思考生活方式，否則混亂會愈來愈嚴重，未來也會愈來愈渾沌不明，社會的亂象會持續擴散——感受到這種切實的危機與焦慮的人，應該不只我一個人。

我想從正面的角度切入探討人類的「生存之道」。由基礎開始觀察，毫無顧忌地道出我的想法。我徹底重新質疑人活著的意義與正確的生活方式。藉由這種做法，在時代的急流當中，我想試著打下一根小小的樁。

各位讀者如果可以從本書中找尋到生存的喜悅或得到一點提示，因而讓自己度過充滿幸福且充實的人生，將是我最高的喜悅。

此生的意義，就是磨練魂魄

話說，我們人類活著的意義或人生的目的，又是什麼？對於這個可說是最根本的問題，我還是想直接提出我的答案，那就是提升心志、磨練魂魄這件事。

人活著的時候會被欲望所迷惑牽引，這也是生物活著的特性。一旦放下迷惑，我們就能夠追求無止境的財富、地位和名譽，成為沉浸於快樂中的生命。

的確如此。只要活著，就不能沒有足夠的衣食；想要活得自由自在，也必須有金錢才行。由於出人頭地也可以成為生存所需的能量，因此，我們也不能否定，人活著就該擁有人生的目標。

問題是，以上所提的，都只限於眼前這一世。不論你擁有多少東西，往生後，什麼也無法帶到另一個世界。這一世的事物，都得在這一世做出清楚的結算。

在所有的事物當中，如果有一項是不滅的，那不就是所謂的「靈魂」嗎？當我們死亡時，不得不全數放下今生今世努力積累的地位、名譽、財富，只能以靈魂迎向嶄新的旅程。

因此，每當有人問我「這輩子你為什麼而來？」我就毫不遲疑地回答：因為我想成為「比剛出生時更好一點的人」。也就是說，我之所以來到這個世界，是為了想帶著更美麗、高尚一點的靈魂離開。

在庸俗的世間誕生，嘗盡各種苦與樂，在幸運與不幸的波浪沖洗下，直到最後的日子為止，還是絲毫不倦怠，努力地存活著。生存的過程有如磨亮自己的砂石，提升我們的人性、修養我們的精神，讓我們擁有比來到此生之前更高境界的靈魂，然後離開這個世界。我認為，這才是人類生存的目的。

今天比昨天更進步，明天比今天更進步，每天都老實地努力生存。我想，人類生存的目的與價值，就存在於不鬆懈地工作、踏實地行事、謹慎地求道當中。不是嗎？

人類活著的時候，總是受苦居多。多到有時候難免怨恨神佛，抱怨為何唯獨自己必須如此受苦？但是，我們必須這樣思考，世界就是為了提供靈魂的磨練機會，才會這般地苦啊！辛勞、痛苦正是鍛鍊人格的絕妙機緣。

能夠把考驗當成「機會」的人——唯有這樣的人，能夠將有限的人生，變成自己的財產、存活於世間。

這一世是上蒼給我們提升心志的時間，也是我們修練靈魂的道場。首先我想強調的是，人類存活的意義與價值，就是提升心志與磨練自己的靈魂。

單純的原理與原則不可動搖的生活指針

所謂的魂（譯註：即靈魂）會隨著「生存方式」的磨練而出現不同的光彩。隨著你過的生活方式，我們的心志可能更加高尚，也可能趨於卑微。

世界上有不少人同時擁有高超的能力，卻因為心術不正而誤入歧途。看看我身處的經營世界，就有人抱持著「只要我賺錢就好」的自私想法，因而發生所謂的醜聞。

明明就是富於經營才華的人才，為何會連考慮也不考慮？這就像自古流傳的日本諺語「才子易因才失足（譯註：即「聰明反被聰明誤」之意）」所示，才華洋溢的人，往往因為過於自信，朝著錯誤的方向前進亦不自知。這種類型的人就算一時獲得成功，但只仰賴才氣聰明，很快就會步入失敗。才氣愈不如人，愈需要引導自己走入正途的羅盤（指南針）。能成為羅盤、指針的，也就是所謂的理念、思想，或哲學。

以上提到的哲學如果不足，導致人格不成熟，無論具有多少才能，都會落於「有才無德」的境界，無法將身上所具有的高超能力，活用在正確的方向，因此誤入歧途。這樣的情況，不只發生在企業領導、經營方面，也會發生在我們的生活當中。

根據我的想法，這裡提到的人格，可以用「性格＋哲學」的公式呈現。由人類與生俱來的性格，與後天生活過程中學到的哲學，兩者融合構成所謂的人格。總而言之，我們的人格——心與靈魂的品格——就是由先天的性格，加上後天的哲學，不斷陶冶、磨練出來的。

話說，個人根據何種哲學基礎走在人生之路上，也會決定當事人的人格。換句話說，如果哲學的基礎，也就是根部沒有紮得很穩，日後人格這根樹幹，也無法長得很粗壯。

人究竟需要何種哲學呢？我認為就是「對人而言是否正確」這項重點。這是父母親傳承給子女的簡單、原始的家教，也是自古以來人類積累出來的倫理、道德觀念。

二十七歲時，我就因為周遭的協助，創立京瓷公司。但是，當時的我是個經營的門外漢，既沒有知識，也沒有經驗。因此，對於要如何經營才能順利往前走，我全然不解。我困惑到了極點，最後終於下定決心，貫徹去做「對人而言是正確」的事情。

換句話說，我將「不可以說謊」、「不可以帶給他人煩惱」、「正直行事」、「不可貪心」、「不可以只考慮到自己」等，這些父母親從小就教導我——然而長大就忘掉的——很單純的行事準則，原封不動地改成經營企業的方針，也就是判斷對錯的基準。

這樣做的理由，一方面是基於我對經營的無知，一方面也是我很單純地確信，違反已廣泛為人接受的道德或規則，卻還能獲得成功，這種案例根本不可能出現。

這是非常簡單的準則，卻含有可以通行世界的原理。只要依照這個原理去做，人就不會迷失，能夠走上正途，最後將事業導向成功的方向。

若要為我的成功找尋理由，或許也就只有這些了。換句話說，或許就因為我才華不夠，才會追求對人類而言是正確的，這種單純而有力道的生存方針。

就身為一個人而言，我的做法是正確無誤的嗎？我有沒有違反根本的倫理或道德？——在我有生之年，我一直把這些問題當成至關重要的事，惦記在心，並且終生努力地守著它們。

在現代的日本社會中，提及跟人類應有的言行相關的倫理、道德，或許會讓很多人對你抱持思想落伍的印象。這是因為第二次世界大戰後，日本人對戰前的道德思想教育抱持反感，因此談論道德也變成禁忌。道德本來就是人類累積出來的智慧結晶，也是規範人類日常行為的基準。

近代的日本人有項通病，喜歡以過時為理由，排斥過去生活中整理出來的各種智慧。一味追求方便的結果，卻也因而失去許多不能失去的東西。我想，倫理道德也是其中之一！

此時此刻，難道我們不該找回做人最基本的原則，然後依據這些原則，切實地生存和生活嗎？我認為透過此行為，就有可能找回過去的寶貴智慧。

能夠從拚命勞動中，體會出人生的真義

既然如此，我們應該如何磨練自己的靈魂呢？是否應該從事特別的修行活動，如登高山或讓瀑布拍打身體呢？其實無此必要。毋寧說在這個凡塵俗世中，每天努力工作，比任何修行都重要。

我將在後面的章節詳細解說，釋迦牟尼佛悟道、成佛的修行方法——「精進」的重要。所謂的精進就是，拚命努力地工作。非常專注、心無旁騖地從事眼前的工作。這才是人類用來提升心志、磨練人格的最重要、也最有效的方法。

一般而言，把勞動視為獲得糧食、報酬等生活所需的手段，是廣受認可

的想法。因此，盡可能花很短的時間勞動，就賺到很多錢，其餘的時間就留給自己從事休閒、趣味的活動，這樣的生活就是所謂的富裕人生。抱持這種人生觀的人當中，甚至有人把工作視為必要之惡（痛苦）。

但是，對人類而言，勞動具有更深、更遠、更崇高的意義，與更有價值的行為。從勞動當中可以得到克服欲望、磨練心志、不停鍛鍊自己人格的效果。換句話說，工作不只可以達到獲得糧食的主要目的，也具有上述附帶的各種功能。

正因為這樣，每天都注入全副精神，把精力放在工作，這件事非常重要。這樣的行為就是能夠磨練靈魂、提升心志，是尊貴的修行活動。

舉個實例，二宮尊德（譯註：一七八七年～一八五六年，日本江戶時代後期的農政專家與思想家）誕生、成長於一個貧窮農家、是個沒有學問的農民。每天帶著一把鏟子、一把鋤頭，從尚未日出的昏暗清晨開始，到夜晚繁星滿天為止，在田地裡老實地、專注地從事農作，不停地勞動。只憑著這樣的工作，竟然能夠把疲弊不堪的日本農村，一一化為豐富的村莊，成就偉大的事業。

就因為擁有如此的實績，爾後他受到德川幕府（譯註：存在於一六〇三年至一八六八年，由德川家康建立的、日本史上第三個封建軍事政權）拔擢重用，召進朝廷與諸侯共事。當時他所提出的工作方法，沒有一樣是透過學習而得的知識。但是，他卻像個真正高貴的人，充滿威嚴、神色凜然。

總而言之，每天在田裡揮汗、不停勞動的「田間精進」作業，令自己在不知不覺之間，自動往內在深耕而進，自行陶冶人格、磨練心志，把靈魂修練、提升到更高層次的世界。

像這樣投身在一項工作裡、使盡力氣拚命勞動的人，每天透過工作達到精進，就可以磨練自己的靈魂，塑造出有深度的人格。

「工作」這種行為的尊貴之處就在於此。講到磨練心志，或許會讓人聯想到宗教。其實，只要能做到打從內心喜歡工作，並且能拚命專注在工作上，也就夠了。

拉丁語好像有句話說：「比完成工作更美好的是，完成該工作的人。」一個人的人格要透過工作才能培育完成。換句話說，哲學是從血汗中誕生，心是從每天的勞動中磨練出來的。

埋頭在自己該做的工作中，花費心思完成工作，然後重複不斷地努力。這件事也與我們應該珍惜上蒼賜予的今天、此刻，努力生活有關。

我也經常告訴員工，每一天都應該「非常努力、認真地活」才行，別浪費一個人只有一次可用的人生，要像加上「努力、非常」（譯註：原文爲「ど」，發音「do」，放在字首，爲強調語氣的用法，有非常的意思）字眼一般，認真地存活下去——能夠保持如此憨直態度而生活，久而久之，凡夫也會蛻變成非凡的人。

那些被世俗稱為「名人」、在各行各業登峰造極的人，我想大致上都歷經過同樣的過程才對。換句話說，勞動不只可以創造經濟價值，或者說，勞動正好能夠提升人類本身的價值。

再者，即使我們不離開庸俗的世間，也可將工作的現場當成最好的精神修練場，因為工作本身就是一種修行。我希望大家心中一定要切記，切實地度過努力工作的每一天，就可以同時獲得高尚豪邁的人格，以及美好的人生。

「改變想法」就可完全改變人生

到底要怎麼做，才能讓人生活得更美好，得到幸福的果實呢？我用以下這則方程式來表現。

人生、工作（事業）的結果＝思考方式×工作熱誠×能力

也就是說，人生和工作的結果是根據這三大要素，用「乘法」，而不是用「加法」計算出來的。

首先，「能力」也可以說是才能或智能，多半是屬於先天的資質，健康與運動神經也包含在內。「熱誠」是指想完成工作的熱心與努力的心情，那是一種可以由自己的意念控制的、後天的要素。兩者的得分範圍都是由零到一百分。

因為是運用乘法計算，就算能力很強，如果欠缺工作熱誠，也無法獲得好的結果。與此相反的是，就算沒有能力，如果能有所自覺，並且對人生與工作具有高度的熱誠，結果還是會比先天有能力、卻沒有熱誠的人得到更好的結果。

接著談到第一個要素「思考方式」。這是三大要素中最重要的一項。若說，人生好壞是依據這個「思考方式」決定也不為過。從字面上看思考方式，有點淡然無味，意思就是心態或生存姿態，或者包含先前談過的哲學、理念或思想等。

思考方式之所以重要，是因為它包含負值。最低分數並非到零分就結束，零以下還有負數。也就是說分數範圍很廣，由正一百分到負一百分。

話說回來，剛才也提到過，就算具有能力和熱誠，萬一思考方向錯誤，也會招來負面的成果。因為思考方式的分數如果為負數，相乘的結果當然也還是負數。

說起來，這是我自己的羞恥經驗。我大學畢業時，正逢就職困難的時代，因為沒有人脈，參加許多企業舉辦的新人考試都落敗，根本無法就業。因此我心想，乾脆去當「高等流氓」（譯註：原文為「知識分子流氓」）算了。與其生存在弱肉強食的社會，倒不如進入講究道義人情的黑道世界比較划算——那時心念已經扭曲——一時之間，我心中真的持有這種想法。

那時如果真的選擇黑道這條路，現在說不定也小小出了頭，當上某個黑社會小組的老大。問題是，就算我在那個世界使上全力，但因為我最初的想法是扭曲的、負面的，我想結局也不會幸福，無法走在受上帝祝福、庇祐的人生吧！

那「正向思考」又是什麼呢？很簡單、一點也不複雜，就是用常識就可以分辨的「好的心念」，用這種心念想就對了。

也就是正向、具有建設性的思維；是具有感激的心情，和與大眾同步一齊走的協調性；是開朗、肯定的心；也是充滿善意、體貼、溫柔的心；是毫不保留地努力；也是知足、不自私、不貪求的行為。

每一項都是到處聽得到的話語，也是小學教室裡，貼在牆上有關倫理、道德的標語。雖然常見，還是不容輕忽，我們不只是用頭腦理解，更應該身體力行，讓它們深植體內、化為血肉才行。

宇宙法則：心想事成

我們應該謹記心中所想，發揮自己擁有的能力，經常保持工作的熱誠。這就是能為人生帶來豐碩果實的秘訣，也是把人生導向成功的王道。原理就在於，這乃是順從宇宙法則的生存方式。

佛教有一項教諭：「業由心造」。所謂的業，就是業障（Karma），意思是造成某種現象的原因。也就是說你心中所思就是原因，然後變成現實的結果。因此有人說，人類的思考內容非常重要，思考的念頭裡不應該摻雜任何惡念才好。倡導積極思考的日本哲學家中村天風（譯註：一八七六年～一九六八年，本名中村三郎，是日本早期的瑜伽行者，曾創辦天風會，推廣心身統一法），也根據同樣的理由說過：「絕不可在腦中描繪惡毒的想法或念頭。」

所謂心想事成，是指在心中描繪的同時，因為強烈的意念導致所描繪的內容實現，成為事實——首先我希望大家心中牢記這項「宇宙的法則」。看法因人而異，或許有人會將這樣的說法歸為神祕學一類，而拒絕接受。但是就我而言，依據我人生當中的無數體驗，這卻是我深信不疑的絕對法則。

也就是說，你愈往好處想像，人生就愈開闊；愈往壞處思考，人生就愈滯礙難行。由於腦中想的事不一定會立即顯現，因此，可能不容易理解這種道理。把時間範圍放大到二十或三十年的長度來看，人生大致上都是如當事人自身想像的樣子。

因此，最重要的是，先擁有一顆單純、美麗的心，這是考量人類生活時的重要前提。理由就在於，一顆好的心——特別是「為世界、為人類」的思維——也就是宇宙本來就具有的「意志」。

宇宙中具有一股力量，幫助萬物生成發展與持續進化。如果能夠順利搭上這股由宇宙意志衍生出來的洪流，就可以讓人生得到成功與繁榮。如果落在洪流之外，等著你的就是衰亡與沒落。

所以無論我們面對任何事物，都應該秉持「與人為善」的利他心和愛心，長久努力下去，就能夠搭上宇宙洪流，過完美好殊勝的人生。與此相反的情況是只會憎恨、埋怨別人，只想讓自己獲利的自私自利心態。如此一來，人生只會不斷愈變愈糟而已。

貫穿宇宙的意志充滿了愛、誠與協調，讓萬物平等運行，藉此把宇宙整體引導至更好的方向，目的則是促使宇宙繼續生成發展。這個理論從宇宙物理學的「大霹靂」來考慮，是能夠被接受、並且可以用來說明的理論。

我將留待第五章詳細陳述，在此先簡單地說明。也就是說，宇宙一開始時是以手可盈握的粒子存在的。這些粒子經過所謂大霹靂的大爆炸之後結合，構成原子核所需的質子、中子與介子，然後與電子結合，形成宇宙最初的原子，即氫原子。

接著出現各種不同的原子，然後原子結合成分子，最後結合成高分子，培育出如人類般的高等生物。愈是了解宇宙進化的所有真相，愈是得相信宇宙間存在著某種「偉大的事物」，是祂的意志介入，才導致萬物的成長和進化。

長期以來，我一直在製造東西，因此非常能夠實際感受到這種「偉大的事物」的存在。因為蒙受這種大智慧眷顧，在祂的領導下，才能開發出各式各樣的新製品，走向現在的人生。我這樣說並不為過。

京瓷製造的陶瓷是所謂的精密陶瓷，主要是用在電腦、行動電話等各式各樣的高科技產品內部的高精密度材料。有關這種精密陶瓷的技術，京瓷持續以領先世界的姿態進行開發，不斷推陳出新的結果，的確令人感到驕傲。但是，最早的時候，我卻是陶瓷的門外漢。學生時代我的專攻科目是有機化學，就職時無法如願，因緣際會進了位於京都、屬於無機化學領域的絕緣體製造企業。

因此，在欠缺有關陶瓷的基礎知識和技術的前提下，所進的企業又是連年虧損、只有粗糙研究設備的公司，我每天到公司上班，沒有別的辦法可想，只能重複下功夫做研究以及不停地做實驗。即使在這樣的狀況下，我還是在相當短的期間內，就成功地研發出新的材料。

這種新材料就是美國奇異電氣（GE／General Electric）的研究所在一年之前領先全球首次合成的新材料。它與我合成出來的材料，成分完全相同，但是合成的方法完全不一樣。也就是說，就合成方法來說，我的方法也是世界唯一的原始技術。

沒有精密的設備可重複依據理論做實驗，只是京都一家小小的絕緣子企業裡一名毫無名氣的研究人員，赤手空拳，卻做出可以與世界級企業匹敵的研究成果——只能說我碰到了非常偶然的幸運吧！不過也有一點不可思議，之後這樣的幸運也持續出現。直到我從那家公司辭職，成立京瓷企業，這樣的幸運也讓我和我的新企業，繼續不斷地成長。

真的有不停帶給人類睿智的「智慧寶庫」

我的理由如下，如果那不是偶然，也不可能是我的才華帶來的結果！我想在宇宙的某個地方，一定有一個「智慧（真理）寶藏」，我們會在無意識之間，運用靈光一閃的創意或者創造力，把蓄積在寶藏裡的「知（智慧）」汲取到這個世界來吧！

或者可以稱之為「智慧之井」，但是其所有權不在人類身上。舉例來說，它們就像儲藏在神或宇宙中很普遍的真理。人類如果得到這些智慧、知識，就可以讓手邊的技術更加進步，人類文明更趨發達。於是，就在我們比別人多一點拚命、努力在埋首研究時，無意間觸及智慧的邊緣，接著發揮創造力，不就是這樣，得到成功的果實嗎？

就像後面章節將會提到的，我曾經設立「京都獎」（譯註：「京都賞」，一九八四年由稻盛基金會設立的國際獎，表彰對科學、技術、文化有貢獻的人才，分爲尖端技術、基礎科學與思想藝術三個領域），為人類開拓更寬廣的研究天地，也表揚很多不同領域的研究者。爾後，當我與那些得獎的研究者接觸後，有件事讓我感到非常訝異，因為他們也跟我一樣，曾經因為類似神的啟示，瞬間得到如靈光一閃般的創造力。

而這個創造的瞬間，可以出現在重複而且不為人知的研究當中，或是偶爾的休憩時間裡，也可以是睡夢當中。偉大的發明家愛迪生不也是一樣嗎？他能在電的領域裡，完成各式各樣劃時代的發明，也是基於非比尋常、努力鑽研的結果，因此才能由「智慧寶藏」中得到這些靈感和創意吧！

我堅信，人類是一邊觀察偉大的前人留下來的功績，仿效前人的做法，同時從「智慧寶藏」得到知識、技能、創造力，再以此為基礎，提升製造能力，最後發展文明的。

要如何打開智慧寶藏的門，拿到智慧呢？我想，還是只有靠自己充滿幹勁的熱誠，與不斷重複的真摯努力吧！也就是說，對那些抱持著想要得到某種成功的、良善的思維，並且不斷付出努力的人，當他往前走時，神明為了照亮他的路，也會從「智慧寶藏」投給他一束亮光吧！

如果不這樣想，我就無法明白地解釋，既沒有知識、也沒有技術、沒有經驗、又缺乏設備的我，為何能夠做出領先世界的發明。當時我的情況是無論睡覺或醒著，都埋首在做研究，就像這樣可以用「瘋狂」形容的態度，全心投入在工作。同時抱持著一定要成功的強烈願望，拚命地想著、並且全力專注在解決工作問題上。

我想，就是因為這樣，上蒼才賜與我「智慧寶藏」當中的一點智慧吧！

持續執行嚴以律己的生存之道——「王道」吧！

「智慧寶藏」是我創造的辭彙，或許也可以說是宇宙的真理或造物主的智慧吧！不管稱祂什麼，這個偉大的智慧，一直在主導人類至今的生成發展的方向。

但是，我現在擔心的是，最近幾年來，人類難道沒有弄錯前進的方向嗎？或者說，誤用從「智慧寶藏」得到的智慧與技術，開始朝錯誤的方向前進了呢？造成此結果的元兇，我想還是因為，人類已經喪失以生存為前提的「哲學」了吧。

總之，人類成功地創立以科學技術為基礎的高度文明，因此得以享受富裕的生活。然而結果是，人類也因此忘了精神、心靈的重要性，才會導致地球環境破壞，產生許多新的問題。

我了解，因為科技的進步，人類開始宛如拿到「神力」（譯註：原文爲「神業」，指神才具有的超能力），可以開始自由發揮和使用。人類把以前幾乎只有神才能使用的高度技術、智慧，當作是自己擁有的東西一樣，開始放縱自己、自由地使用。人類造下惡因，不就一定會出現「環境遭到破壞」這種惡果嗎？

例如，氟氯碳化物造成地表高空臭氧層的破壞，農藥、肥料造成土壤、河川的污染，二氧化碳的增加導致暖化（譯註：即溫室效應）。還有，因為戴奧辛、環境荷爾蒙（譯註：endocrine disruptor，會干擾人類內分泌的荷爾蒙、生長激素）對各種生命的影響，我們賴以生存的地球環境、甚至我們人類本身，都已經承受到威脅。

那是因為，人類把本來能夠讓活著的生命過得幸福的「智慧」，用到錯誤的方向。換句話說，人類原本用來讓自己進步的武器，現在反而用來傷害自己，幾乎讓自己走向毀滅。

這就像前面「人生的方程式」所呈現的，人類的技術、知識（能力）愈高明，具有愈高的熱誠，但是卻忽略或忘記思考方式——哲學、理念、思想——就會給這個地球，帶來愈大的災難。

因此，人類應該追求對人而言正確的生活方法，與人類應該有的態度，這已經不是我個人的問題。我想，如果想要把人類導引至正確的方向，把地球從破壞毀滅的窘境解救出來，我們每一個人都必須重新審視自己的「生存之道」。

要做到這樣，就得要求自己採行比別人加倍嚴厲的生存方式，而且不可欠缺的是，必須不停地要求自己去遵守。也就是做到拚命努力、誠實、認真、正直……切實地遵守像這樣簡單、平易的道德規律或倫理觀念，把這些當成自己的哲學、生存方式的基礎，不輕易去變動它們。

立志採行對人而言正確的生存方式，並且一心專注貫徹。這難道不是眼前的我們最應該追求的事嗎？這正好就是把我們每一個人的人生導向成功與光榮，以及帶給人類和平與幸福的王道。我想，讀者們如果能將這本書，當成採行這種生存方式的指導手冊，那就好了！

第1章

讓思想成真

只取自己所需的人生法則

人世間的事物經常出乎自己的想像——面對人生當中所發生的種種事情，我們不經意地就會這樣想著。但這也是因為我們心想「凡事不如所願，這就是人生」，所以才呼喚出與所思相同的結果。就這點來看，人生過得不如己意，也可以說是符合當事人思考的結果罷了。

雖然很多成功哲學的思考主軸，都是以個人思想的成果做為思考方法。根據我的人生經驗，除此之外，我還強烈地抱著「心中未曾呼喚的東西，應該不會靠近自己」的信念。也就是說，只有自己內在呼喚的東西，才會出現在實現的範圍裡面。如果你不先去想，就算是該出現的，可能也不會出現。

換句話說，個人的心態或心中所求的東西，會如實地在他的人生當中成形、出現。因此，如果想成就事業或工作，首先就是先思考「我想要這樣、我應該這樣」。最重要的是，具有比其他人更強烈的想法、擁有足以焚身的熱誠，然後發出「我想變成那樣」的願力。

我親身經歷此種體驗是在四十多年之前，第一次去聽松下幸之助演講的時候。當時的松下先生還沒有像多年之後被當成經營之神；我也剛剛創立公司，只是一個無名的中小企業經營者。

那時松下先生提到有名的水壩式經營法。他說，沒有水壩的河川，大雨一來就造成洪水氾濫，萬一太陽持續高照，則會造成乾枯、用水不足，因此才建造水壩。有水壩就可以不受天候影響，控制水量、保持穩定。相同的原理，經營遇上景氣好的時候，也要有所蓄積，以備景氣不佳時的需要。企業應當從事這種保有餘裕的經營。

聽到這段話，擠滿數百位中小企業經營者的會場，頓時傳出陣陣不滿的聲音。我坐在後排位置，非常了解當時的狀況。

「他在說什麼？就是因為沒那種餘力，我們每天才需要苦戰惡鬥到滿身大汗吧？如果有餘裕，誰也不會這樣辛苦地工作。我們想聽到的，是到底要怎麼做，才能建構出這座水壩。就算現在重新認識水壩的重要，也於事無補呀！」

如前述般的細碎耳語此起彼落。最後，到了演講結束後的問答時間，一位男性站起來，發言直陳他的不滿。

「能做到水壩式經營，當然很好。問題是，實際上是做不到的。如果你也無法教我們如何才能建立水壩式經營的方法，這番話不就沒有意義了嗎？」

面對這個問題，松下先生溫和的臉上掠過一絲苦笑，沉默了短暫的一段時間，然後突然像自言自語般地說道：「那種方法我也不知道啊！不過雖然不知道，不去思考建水壩這件事，卻是不行的呀！」此時，因為隱忍不住而發出的笑聲，開始傳遍會場。對松下先生不算是回答的回答，似乎所有的人都感到失望。

但是，當時我既沒有發笑、也沒有感覺失望，而是突然身體像受到電流衝擊一般，頓時感到臉上一陣蒼白。因為松下先生那番話，對我而言，可以說是靈光閃現的重要真理。

重要的是，醒著、睡著都要用力去想

不去思考是不行的啊！——松下先生的喃喃細語，傳給我、讓我理解到的是「首先要去想」這件事的重要。水壩的建築方法因人而異，或許無法用同一種方式教大家「就這樣做吧」。但是，無論是誰，都應該要先想建水壩才行，這項思維可以說是一切的開始。我想，松下先生的意思就是這樣沒錯。

總之，如果你的心沒有先呼喚，就不可能看到做法，也無法走向成功。因此，最早、也最重要的，就是要具有強力、確切的願望。這樣做之後，你的願望會成為起點，最後也一定能有成就。無論是誰的人生，都是他自己心中描繪的樣子。所謂的思考就是種子，會在人生這個庭園裡生出根、伸出枝幹、開花與結果，要達成這樣的結果，思考是最早、也是最重要的因素。

從松下先生當時欲言又止的話中，我感覺到了偶然出現、卻貫穿人生的真理，讓我日後得以從真實的人生中，學到真正的經驗法則，並且有所體會。

但是，如果要讓願望與成就連結在一起，只有跟一般人相同的願望是不夠的；換句話說，擁有「強烈的夢想」是非常重要的。不是心情淡然、不置可否地想「能這樣就好啦」，而是具有強烈的願望。無論醒著或睡著了，二十四小時都要持續地想這件事，深入地思考，從頭頂到腳趾頭，全身浸透這個想法，要做到一刀切下去，就流出形同血液的「思維」才行。思考到這種程度，且非常專注地、卯盡全力強烈地去想。這種思考，就是成就事物的原動力。

具有一樣的能力，也付出同樣程度的努力，只是有人成功，卻也有人失敗。遇到這種情況，很多人會立刻歸咎運氣、命運。總之，所下的願力就大小、高度、深度、熱度而言，各有所不同，所以導致不同的結果。

或許有人會質疑我，這樣說是否過於樂觀？但是我也得強調，要做到日思夜也想，不斷地想、想、想，深入地想，並非容易達成的行為。因為必須真的擁有非常強烈的願望，強到能夠鑽入潛意識的程度才行。

在企業經營方面，只用一般的頭腦思考有關開發新事業、新產品，是很難成功的。因為大多數的想法都會被判定為很難成功。但是，一味地遵從「常識」的判斷，結果可能連原來會做的也做不來了。我的意思是，真心想要成就某些新事物，首先要擁有強烈的想法和願望，這是不可或缺的條件。

把不可能變成可能的過程，首先需要幾乎可以用「瘋狂」形容的強烈思考，然後相信此事一定會實現，往前不斷地重複努力。這種過程無論是對人生、或者對經營而言，都是達成目標的唯一方法。

是否能看到「彩色」的事實？

強烈的願望是成就事物之母。因為很難用科學的方法解釋，因此有人就輕視這種想法，認為只是單純的精神理論。但是，只要不斷地、深入地去思考，事實顯示，思考的內容慢慢會變成「漸漸看得到的」東西。

也就是說，如果有「能變成那樣多好」、「我想做這個」的強烈思維，就不只是加強思維，還要在腦中認真地重複思考、模擬演練如何實現理想的過程。就像下日本將棋，出手之前總要經過萬般考慮，一而再、再而三模擬達成棋局的過程，失敗的部分就像擦掉棋譜一般，隨時修正自己的計劃。

就這樣，綿密不絕地去思想、考慮、練習，接著成功之道就像靈光一閃般，變得依稀「可見」起來了。最初看起來像夢境一樣，慢慢地就愈來愈接近事實，最後夢境與現實之間的界線也消失了，就像已經實現的現實景況，能夠在腦中或者眼前，描繪出事物達成與完成的狀態。

還有，如果看到的是黑白的景象還不夠，必須看得到更接近實物的彩色畫面——那種狀態就是真實產生的實像。就運動而言，有如意象訓練（譯註：imagery training，運動員常用的心理訓練，就是在腦海裡重溫或創造運動中的情境），如果把意象儘量濃縮，結果就會慢慢看得見「現實的結晶」。

反過來說，就是直到完成的情景可以如實看見之前，必須先強烈地想像、深切地考量、努力地組合架構；否則根本無法確定，你的工作或人生能否出現開創式的成功。

例如，就新開發的產品而言，並非只提供客戶要求的樣式、功能等必要條件就夠了。除非能達到最初深沉考慮出的、「看得見」理想水準的產品，否則不論能滿足多少基準，也不算好產品。我沒看過哪一種一般水準的製品，能夠在市場裡廣受歡迎。

以前有個研究者，年紀與我相仿，出身有名的大學。這個人與他的部屬一起受苦，經過許多年的嘗試錯誤，終於完成一項產品。但是當我看到他的產品時，立即直接回答：「不行！」

「為什麼？客戶要求的功能，我都如實做出來了呀！」他充滿敵意地說。

「錯了。我期待的是更高水準的東西。首先，這個顏色不會太暗沉了嗎？」

「如果你也算是個技術人才，請別說出『顏色不好看』這種情緒化的用語好嗎？這是工業製品。如果你不能給我更科學、合理一點的評價，我會很煩惱。」

「雖然你說我情緒化，但是我想像中的，並不是這種暗沉色澤的陶瓷啊！」

所以我說不行，因而命令他修改。我非常理解他到那時為止所承受的辛苦與怒意的回擊。問題是無論如何，他做出來的東西，與到那時為止我心中看到的——雖然只是外觀——很明顯的就是不一樣的東西。之後我讓他一再修改，到了最後，終於責成他成功地完成理想的製品。

我那時強調「幫我做出不忍去碰、摸了會碎的東西」，因為太好、太完美的緣故，我們的目標應該放在做出手一觸摸就碎、好到無處可挑剔、完全沒有缺點的產品才對。我當時就是說了這樣的話。

「好像摸了會碎」這樣的形容詞，是我小的時候，經常聽到父母說的話。這是人類想把自己想像中的理想商品，化為具體的實物時，那種一刻也不能停地想要用手去觸摸一下的衝動。那種憧憬與敬畏的念頭，讓人感動。父母親因此用「碰了會碎」來形容。

　　這句話不經意地從我的嘴裡漏了出來。由此可見，我也是不惜一切，想努力完成我所確信的「已經沒有比這更好」的東西。對於把創造當成最高目標的人類而言，這至關重要，甚至被視為義務。

如果能想像所有細節，就能實現

這樣的現象，當然不只會發生在工作上。在我們的人生當中，經常會設定理想的目標。設定這個目標的過程，就是深入思考到似乎「看得見」。也就是說，保持思考的強度，成為了必要的條件。

因此，不妨大膽地把合格的標準拉高一點。到理想與現實完全吻合之前，試著做出比現在更超前一步的工作安排。隨著這種安排去做，就可以達到令人滿足的美好成果。

還有一種有趣的現象，工作之前就能夠明確看到的東西，最後做出來的往往也是完美到令人不忍觸摸的成品。相反的，事前印象模糊的東西，完成之後經常都不是「摸了會碎」的好東西。這也是我自己經歷人生中各種場面，所體會到的事實。

第二電信電話公司（譯註：ＤＤＩ，現在稱爲ＫＤＤＩ）開始展開行動電話業務時也一樣。我剛說出「未來是行動電話的時代」時，周遭的人不是歪著頭表示懷疑，就是說出「那是不可能的」這種否定的話。

那時無論我說多少次「隨時、隨地、任何人都會用」，來強調用行動電話溝通的時代一定會來臨；再者，從小孩到老人，所有人一生下來就擁有自己的電話號碼的時代，不久之後就會來臨。但是，無論我說得多明白，只是惹來其他幹部忍不住的竊笑而已。

問題是，這對我而言是「看得見的」啊！對行動電話這種具有無限可能的產品，大概會用什麼速度，從神祕製品走向全面普及，還有大概會以多少的價位在市場流通，這些印象，事前我就已經很明確地看到了。

理由在於，當時京瓷正在著手開發半導體零件，我透過此事業，相當了解半導體技術的革新、速度或尺寸、成本的變動。由此類推，就可以相當精準地預測，行動電話這項新產品在市場的發展。

光是這樣，我就可以明確地算出簽約金、月費、通話費用，與設定未來的費用。當時的事業部門經理，把我設定的費用全數筆記下來，等到實際展開行動電話業務的經營時，他再度瀏覽當初記錄的筆記，沒想到內容竟然與實際上採用的收費系統一模一樣。

不只是行動電話，其他的產品也一樣。產品或服務的價格，是在考量市場供需平衡與資金回收的前提下，經過複雜且精密的成本計算之後產生的。那是在一切都還沒開始進行的情況下，我腦中就有的明確印象，包括服務費用在內。負責的部門經理驚訝地說：「這只能說是神蹟。」這就是我前面所說的「看得到」。

就這樣，只要能確立深刻且清晰的印象，研發就一定會成功。也就是說，看得到的印象就能化為真實，看不清楚的就無法成真。因此，如果發出「想要變成這樣」的願力，接著就應該用非常強烈的思考來凝聚這個想法，把它提升為強烈願望。此時最重要的，就是加強想像成功的印象，加強到好像眼前就可以清楚看得到東西。

首先，會提出「想要這樣」的願望，就代表當事人已經具有實現這個願望的潛力。人類對於自己沒有才華與能力去做的事，通常不太可能興起想做的念頭。

因此，會描繪自己成功的印象，就代表這個人的成功機率很高。閉上眼睛想像自己成功的樣子，如果想像的樣子非常逼真，代表這樣的事一定會實現、是能夠成就的事。

沒有細心的籌劃與準備，不可能成功

當你想要嘗試挑戰從來沒有人嘗試過的事，肯定無法迴避周遭的反對。即使如此，如果你心中認定自己「會成功」，心中印象牢不可破，而且是已經實現的樣子，就應該大膽地推動自己的構想。

用敢於誇大構想的「樂觀論」為基礎，然後讓創意的翅膀展開，最好在自己的周遭，事先聚集一群可以在背後推動、讓創意高飛的樂觀論者。

以前當我有了新的想法或創意時，經常召集幹部們詢問他們的意見，「我靈光一閃想到這個，你們覺得如何？」。這時候，那些出身「難關大學」（很難考進的名校）的優秀人才，反應通常很冷淡，然後鉅細靡遺地對我解說，我的創意是多麼脫離現實與魯莽。

雖然他們講的也都有道理，分析也很尖銳，但是從頭到尾都在找無法成功的理由，然後進行批評。對任何構想都只會澆冷水打壓創意，導致原本會成功的想法，也變得無法成功了。

如果一再發生這樣的現象，我就會更換討論的對象。也就是說，當我籌劃構想新的、困難的工作時，通常不會挑選頭腦好、但總是往悲觀方向思考的人，而是聚集那些有時候有點冒失，但是對我的提案卻能天真、喜悅地接受，說出「那太有趣啦！一定要做！」，贊成我的意見者，然後跟他們一起討論。或許有人會覺得那是很無聊的話題，我卻認為，其實在凝神構思的階段，像這般樂觀的談話，剛好最有幫助。

但是，在把自己的構想變成具體的計劃時，就要改採悲觀論為新基礎。因為，必須想像所有可能發生的風險，拿出很謹慎、細心的注意力，研擬出嚴密的計劃才行。所謂的大膽與樂觀，效用僅出現於形成創意和描繪構想的階段。

接著，一旦計劃進入實際執行階段，就得再度採行樂觀論，果斷展開行動。也就是說，想成就事物、把理想變成現實，就必須做到「樂觀地構思、悲觀地計劃、樂觀地實行」。

關於此點，日本的冒險家大場滿郎（譯註：一九五三年生，山形縣立農業經營研究所畢業）的話值得參考。大場先生是全球第一位獨自徒步橫跨南北極的人。因為京瓷提供他橫跨極地所需的公司製品，他曾經專程過來拜訪我並表達謝意。

那時候，開口第一句話，我就讚美他，具備不惜冒著生命危險的勇氣。結果，大場先生臉上呈現困惑的臉色，當下就否定我對他的讚美。

「不，其實我根本沒有勇氣。那時的我感到很恐怖，因為自己很怯弱，所以準備時特別用心。我這次會成功，也是基於這項重要因素吧！反過來說，一個冒險家如果只憑藉大膽，就會跟死亡緊緊連結在一起。」

聽完這番話，我非常感動。我想，能成就大事的人畢竟與眾不同，手中往往能夠牢牢掌握住人生的真理；這位不世出的冒險家真正想說的是，不包含怯弱、慎重、細心等特質的勇氣，只不過是魯莽的勇氣罷了！

因為生病而學到的心的大原則

到目前為止，我就人類存活所需的大原則，即人生如心念所示以及如何轉變等，有所陳述。但事實上，我的一生可以說是一連串的失敗與挫折，好幾次遭遇很大的麻煩，上蒼用這些來「提醒」我留意此項法則，也是實情。

年輕時候的我，每件工作都無法順利進行，發出「我想往此方向走」的期望，卻從來沒有一次實現。因此，我自怨為何總是不順利？為何自己是個命運不好的男人、總是遭上天遺棄？我累積很多不平與不滿，再三扭曲、怨恨這個世界。然而，在反覆挫折的人生當中，心中也開始慢慢體悟出，所有的一切，都是由自己的心念所引起的。

最早遭逢的挫折是初中入學考試失敗，緊接在這項挫折後面的是罹患肺結核。當時結核病屬於不治之症，更甚的是，我的家族當中已有兩位叔父、一位嬸嬸，稍早之前都因結核病失去生命，我們儼然變成「肺結核家族」。

「我也會先吐血，不久就死掉嗎？」當時還幼小的我也蒙受打擊。身體持續發燒、無法控制，我當時的心情就沉浸在自己可能短命的感覺裡，除了躺在病床上，也無計可施。

那時，隔壁的伯母看我很可憐，於是對我說：「讀這本書吧！」，然後借給我一本「生長之家」（譯註：日本的新興宗教）的創辦人谷口雅春（譯註：一八九三年～一九八五年）所寫的的《生命的實相》。對才要進入初級中學的小孩而言，內容有些困難，但是在我急於想「抓住」什麼的心情下，雖然不懂還是繼續讀，最後終於理解了以下的話：

「我們的內心當中有一塊會吸引災難的磁石；人會生病，是因為有一顆會吸引病症前來的弱小的心。」

大概就如前述的意思。我被這句話吸引住了，谷口先生使用「心的樣貌」這個辭彙，來說明人生所有的遭遇，都是自己的心吸引過來的，生病也不例外。他的說法是，所有的一切，都是人心的樣貌所呈現出的真實投影。

連生病也是心的投射，這種說法有點殘酷。但是情況與當時的我，的確有很多符合之處。話說，叔叔得到結核病，被迫離開家出外療養時，我因為害怕被傳染，走過叔叔生病時住的房間門前，就捏住鼻子快跑離開。但是，我的父親卻完全不敢怠慢地陪他去看病，我的哥哥也認為不會那麼容易傳染，以平常心對待。換句話說，家族當中只有我，討厭、忌諱親人的病並且刻意逃避他們。

於是就像被上天懲罰一樣，父親與哥哥都沒有事，只有我被傳染這種病。啊！於是我想到，就是這麼回事吧！就是那種趕快逃跑、想逃避的心，與討厭生病的貧弱心態，為我招來這種災難。正因為我心生恐懼，我所恐懼的事物就跑到我身上來了。這件事情提醒我，只會考慮負面事物的心，才是引來負面事實的主要原因。

原來如此，心中所想的樣子就會變成現實的事物。年輕的我對谷口先生的教諭，深切地感受，也反省自己的行為。那時我發誓，從此以後一定要思考好的事物。但是，生為凡人的悲哀，就是心態很難改變，從那時之後，我的人生還是充滿迂迴曲折。

注意到運隨心轉的真理

雖然我的結核病很幸運地治好了，也恢復學校生活，但是之後還是無法切斷與失敗、挫折的緣分。大學沒考上第一志願，只好進入地方大學就讀。我的成績相當好，但是，南北韓戰爭特需帶動景氣滑落，當時處於最差的情況。沒有人脈的我，參加企業就職考試屢戰屢敗。因為我只是鄉下新科大學出身，甚至也有企業連考試的機會也不給我，導致我開始詛咒世界的不公平與自己的時運不濟。

為什麼我這個人的運氣就這麼差？我想，自己如果排隊買彩票，一定也是前後都中獎，只有我「槓龜」。怎麼說？如果希望一再落空，心情也會逐漸走樣。就像先前提到過的，當時我也想，就算兩手空空，對自己還是有點自信，不如去當流氓吧。因此，我也曾經徘徊在繁華街道上、黑道幫會的事務所門前。

後來，總算在大學教授的幫助下，私下進入京都的絕緣子製造企業。這家企業的實際情況，是明天突然倒閉也不奇怪的、又老又殘破的企業。薪水遲發是理所當然之舉，此外，經營者家族也經常吵架內鬨。

好不容易才進入的公司，竟然是這番狀態。我跟同期進公司的幾個同事，一碰頭就相互吐苦水，每天談的都是辭掉工作的話題。最後，同事們也都找到別的工作，一個一個辭職而去，到頭來只剩下我一個人，孤伶伶地留了下來。

就這樣，我被逼入進退無據的窘境時，反而突然改變了自己的想法。我想，再詛咒自己的境遇也是於事無補，於是心情有了一百八十度的改變。

我開始拿定主意，試著把精力放在工作上，拚命努力面對研究工作。從此以後，我把鍋碗瓢盆都帶進實驗室，要求自己過著天天待在實驗室裡的日子。

這樣做之後，有如反映我內心變化一般，研究的成果開始展現出來。明顯可見的成果讓上司對我的評價提升，我也愈來愈熱心於工作，更好的結果也因而出現，產生所謂的良性循環。

接著在無意間，我使用自己的方法，在日本初次合成、開發出當時正走向普及的電視機內部映像管電子槍，所使用的精密陶瓷。

因為這項發明，周遭對我的評價也突然提高。我對工作的興趣，讓我忽略了公司遲發薪水，甚至感覺到自己有了人生的目標。再者，當時學到的技術與累積的實績，也促成我日後創立京瓷公司這項新事業。

就在你改變心念的瞬間，人生的轉機就會造訪。到那時為止的壞循環終止了，好循環因而產生。依據這樣的經驗，我也確信人類的命運，並非走在已經鋪設好的軌道上，而是根據自己的意志，既可以往好、也可以往壞的方向發展。

也就是說，所有發生在自己身上的事，其根本原因就是一切唯心。人生就是經過各式各樣的跌倒、挫折，才學得到貫通人生的真理，變成肚子裡的學問。

就算走過激烈浮沉的人生，也要能夠思及，自己的命運是靠自己的雙手開拓的，碰到運勢的高低潮、幸與不幸，也是自己內心呼喚來的。種下造訪自己的命運種子的，還是自己呀！

的確，所謂的命運在我們有生之年，看起來是很殘酷地存在的。但是，那並不是怎麼都很難用人力抗拒的「宿命」，而是可以用「改變心態」的方法修改的東西。用東方的哲學思想來形容，就是所謂的「立命」（譯註：原文出自儒家、淨土宗，成語「安身立命」，是指使身心安定，精神上有所寄託）。

思想有如繪畫的工具，在人生這塊畫布上，描繪出當事人的作品。因此，隨著你心態的轉變，你人生的色彩，或多或少在某種程度上，也會跟著改變。

能不放棄地做下去，結果當然只有成功

能成就新事物的人，也是凡事能立即相信「自己可能成功」的人。所謂可能成功，就是「未來的能力」。如果用現在擁有的能力去判斷行或不行，面對新的工作，當然也很困難，恐怕任何時間也無法完成。

因此，必須相信自己可能成功，要求自己達到比現在的能力更高水準的目標，把那項目標當成未來必達的一個點，然後全力以赴。此時最重要的就是，一直保持熱切「願望」的火種，別讓火熄滅了，因為它就跟成功連結在一起。還有，這樣做也會幫助自己的能力更加成長。

當京瓷從國際商業機器公司（IBM，International Business Machines

Corp.）接到第一批量產訂單時，他們對樣品型樣的要求，可以說嚴格到難以置信的程度。在那個時代，客戶給的式樣圖只有一張紙，ＩＢＭ給的分量卻厚如一本書，內容規定極盡詳細且嚴格。因此我們試做好幾次都接連被拒絕，最後就算按照規格書做出我們認定的產品，依舊全數被蓋上不良品的烙印，退回給我們。

尺寸精確度比以前還要嚴格一個分位（譯註：小數點後面爲十分位、百分位……嚴格一個分位爲嚴格十倍之意），我們的公司甚至還沒有可以測定這種精確度的機器。說實話，我好幾次搖頭，心想以我們的技術根本做不到。但是，這對當時名不見經傳的小企業京瓷而言，也是提升自己的技術與創造知名度的好機會。因此，我斥責那些懦弱的員工，傾盡全副精神和全身力氣，把所有該做的工作全部做好，指示員工把最好的技術全部用上去。就算這樣，還是無法順利進行。

在用盡所有對策之後，我詢問茫然站在陶瓷燒爐前的技術負責人：「向神祈禱了嗎？」人事已盡，接下來只有聽天由命了。我想說的是，我們盡力工作到這般程度。

重複這種超乎常人努力的結果是，無意間，我們成功開發出滿足超高技術要求的、「捏了會碎」的好產品。接下來兩年多，工廠機器全開地量產，產品也都在符合交期的情況下出貨。看著最後一部滿載產品的卡車開走，我深切觀察之後，產生了以下的感覺：

「人類的能力是無限的！」

面對乍見之下不可能達成的超高目標，還是注入全部的熱誠，毫不保留地朝同一個方向鑽研努力。這件事就可以讓我們的能力，達到令自己驚訝的成長。或者說，讓過去一直沉睡的偉大潛能開花結果。

因此，就算有做不到的事，那也是眼前的自己而已，重要的是，我們必須用「將來自己一定辦得到」的未來進行式去思考。還有，相信自己具有尚在沉睡、還沒有發揮的潛能才行。

那時的我，竟然敢接受技術比我們當時擁有的水準高出許多的工作，光從這件事看，就可以說我是毫無謀略就輕易接受這份工作吧！

但是，這正是我的慣用手法。由創業開始，我就經常大膽接受連大企業都覺得太困難而拒絕的工作。因為，我如果不這樣做，對剛成立、尚未展現實績的小企業而言，事實上是很難找到工作的。

連大企業都拒絕的高技術工作，我們當然不可能會做。即使如此，我也絕對不會說出「我不會做」的話。我也不會用曖昧的口氣說「我可能會」，而是展現勇氣斷然說出「我會」，把這項困難的工作接到手。這時候，我的部屬通常會感到困惑，然後逃之夭夭。

但是，即使在當下，我也經常想：「我應該可以做到才對。」熱誠地告訴部屬怎麼做就可以做出來的想法，與如果我們做出來，未來對公司將產生多少加分的效果等，我非常努力地讓和我的工作相關的全部員工，拿出熱誠來向新工作挑戰。

即便如此，接下來的工作往往也無法簡單地運行。當我們正面迎向困難時，我就這樣喊話，激勵我的員工：

「所謂的『不行啦』、『做不到』，都只是過程中的一個點而已。如果用盡所有的力氣，黏住工作不放、直到極限，就絕對會成功。」

把思想中不可能的工作，用「我辦得到」一句話答應接受，當下的確如同說謊。但是，如果從不可能的情況出發，一直到最後神明伸出手幫忙為止，絕不放棄地一直想，最後終於完成了，那就表示從原本的妄語，誕生出真實成績的事實了。透過這種做法，我一而再、再而三地化不可能為可能。也就是說，我一直用未來進行式來思考自己的能力，並把它用在工作上。

積累努力，平凡也會化為神奇

日本研究遺傳因子最有影響力的人，即筑波大學名譽教授村上和雄（譯註：一九三六年～二〇二一年，京都大學農業學博士，分子生物學者，虔誠信仰天理教），曾以所謂的「火災現場逃生的爆發力」話題，做出讓人容易理解的解說。為何人類在緊急狀況下才發揮出來的力量，平常總是呈現睡眠狀態？那是因為負責的遺傳因子，其機能通常是處於關機（OFF）狀態。如果讓它維持開機（ON）的狀態，那麼即使在平常時段，也可能發揮這種能力。

他接著說，要讓潛能隨時處於開機狀態，最好是維持正面、肯定與積極的思考，因為當心靈或精神處於正面向前的狀態，就能產生較大的效用。

這也是科學界第一次用人類的遺傳基因，解釋思維對我們的潛能具有廣大的影響。

話說回來，人類的潛能到底有多少呢？答案是，在人的腦中「想做這個」、「想成為那個」的思考，就遺傳因子的基準來看，大致上都屬於可能的範圍。也就是說，我們人類都潛藏著「心中所想的就會實現」的能力。

但是，若要實現志向比較高的大事，則需要面對目標，一步一步地累積踏實的努力，這也是不可或缺的條件。

就在京瓷還只是鄉間小工廠、員工人數還不到一百人的時候，我就面對員工，重複地說出「我一定要把這家公司變成世界第一大企業」的「豪言壯語」。雖然那是我遙遠的、如童話般的夢想，卻也是我抱定非常強烈的決心，想要完成的「願望」。

問題是，就算眼睛可以眺望無限高的天空，卻還是只能踏在地面上。夢想、願望再高，現實當中面對的每一天，還是用盡全力完成純樸、單調的工作而已。為了讓進度比昨天拉前一分、一釐，就得拚命流汗工作、解決眼前每一個問題，甘心過著被問題追趕的日子。

「如此每天重複一樣的工作，到底要到哪一天，才能變成世界第一呢？」

偶爾因為夢想與實際的落差龐大，我的心情也會受到打擊。但是結論依舊是，人生就是每一個「今天」和「現在」的重疊累積、連結而成的，如此而已。

現在的這一秒，聚集成一天，每一天再聚集成一週、一個月、一年，等到再度留神時，人就已經登上舉手也攀不到的高山頂上——這也是人生的實際樣態。

即使想快速地短兵相接又有何用？今天如果沒有過完，明天也來不了啊！想抵達過去描繪的目標地點，並沒有一步千里的路。千里的道路，還是得一步一步如實地走。不論多偉大的夢想，也得一步一步、一天一天地累積成果，最後終於有所成就。

假如你能夠不忽略今天這段時間，非常認真、拚命地活著，自然看得見明天的樣子；然後也同樣地拚命把明天過好，一週的樣子就能浮現；再努力拚命地過完這一週，一個月的樣子也依稀可見……也就是說，雖然還無法看到未來的景象，只要全心力傾注在眼前一瞬間的生活，本來看不見的、未來的身影，最後自然就看得見了。

我以前也曾經像烏龜一樣慢步而行。但是透過累積自己樸實的每一天，在不知不覺間，公司變大了，我也登上眼前的地位。

因此，與其無用地為明天煩惱，或匆忙地預測將來的結果，不如活在當下，把力氣用在度過充實的今天。這才是實現夢想的最佳之道。

每天發揮創意，就能產生大躍進

我不太信任才子。因為所謂的才子，往往具有輕忽今天的傾向。才子因為具有才智，因此也具有先見之明，無意間就會厭倦每天像烏龜走路般的慢行，想學敏銳的兔子抄捷徑。但是急功近利的結果，有時也因為一不留神就摔一大跤。

到目前為止，京瓷也採用過許多優秀聰明的人才；也只有那樣的人，會以這家公司沒有希望為理由而辭職。那些留下來的，都是不太聰明、平凡、甚至連轉職的才能也沒有的駑鈍之人。問題是，這些駑鈍的人才在十年、二十年後，紛紛變成各部門的幹部，或是公司內的領導人物。這樣的實例愈來愈多。

是什麼把他們從平凡的變成非凡的人才呢？就是那種不會因為做完一件事就滿足、不停默默努力，或者說，拚命過好今天這個日子的生存力量，還有累積這種日子的持續力。也就是繼續、貫徹的力量，把平凡化成了非凡。

不去選擇容易抵達的捷徑，而是用拚命、認真、踏實去重複累積每一步、每一日，能把夢想變成現實、能成就所思的人，就是這種非凡的凡人。

雖然說持續很重要，但是持續並非「每天做一樣的事」。換句話說，持續與重複或反覆有所不同；並非漫不經心地重複與昨天一樣的工作，而是做到明天比今天、後天比明天更好，一定要有所改善才行。像這樣「加上創意的心」，就能夠提升走向成功的速度。

或許受到自己是技術人員的影響，我不停地問自己：「這樣就好了嗎？難道沒有更好的做法嗎？」就此角度來看，就算是做雜務，還是有發揮無數心力的餘地。

舉一個單純的實例。就清掃而言，以往只知道用掃帚掃地，這次用拖把試試看吧！或者拜託上司，花點錢買個吸塵器給自己用。可以就各種角度想出更迅速、更乾淨的清掃方法。還有，也可以在清掃的程序上下點改進的功夫。透過以上方法，掃除就可以變得更順手、更有效果。

用長遠的眼光觀察，不論多小的事都肯花心思去改良、設法解決問題的人，與不這樣做的人，兩者之間的差距大到驚人。就清掃的實例來看，每天都花心思、想創意的人，或許後來就創設公司、承包大樓清掃工作，自己當起公司的總經理。相反的，每天散漫地清掃，不願花功夫改進的人，一定是每天用同樣的方式，做著清掃的工作吧！

比昨天的努力多下一點改良功夫，讓自己更進步一點。雖然只是一點點，今天還是比昨天更進步。這種不敢稍微放慢腳步，追求更進步一點的姿態，日後就會以很大的差距呈現出來。導向成功的秘訣，就是別去走平常習慣、通用的道路。

你能聽見就在身旁的「神的聲音」嗎？

工作現場有神靈進駐。例如，無論凝聚了多少時間去做，重複嘗試過多少錯誤，還是進行不順。然而就在不斷碰壁、萬法用罄的時候，而且就在自己認定已經不行的時候，成果開始出現。此時應能夠即時恢復冷靜的心情，重新觀察周遭，然後試著重新修正。

中坊公平（譯註：一九二九年～二〇一三年，原為律師）是擔任森永砒霜毒奶粉事件（譯註：一九五五年，發生在日本西部的嬰兒奶粉中毒事件）與豐田商事事件（譯註：一九八五年發生的經濟詐欺事件）等多起有名事件的辯護律師團團長。我與中坊先生會面時，曾經就處理這些事件時最重要的方法，向他提問。

結果中坊先生回答：「事件的破案關鍵都在現場，因為神進駐在現場。」儘管事件發生的領域不同，但是事情的重點大致上是相同的。因此，只要徹底重視現場，就會同意我的說法：切實地觀察所有的現象非常重要。

舉例而言，如果現場是製造業，就應該針對製品、機械、材料或工具、甚至工程細節，檢視所有的要素，一個個重複檢查、求證。還有，要用誠實、謙虛的眼睛，深入地重複觀察，此事非常重要。

雖然這是實務上的重新檢查，還是要秉持初衷，甚至要更加用心才行。也就是說，對製品、現場的一切，要重新用眼，外加身體、心、耳朵去仔細感受。

這樣一來，你就聽得到神的聲音。由現場或產品方面，「這樣做如何呢？」等解決問題的暗示，會如同耳邊細語般傳過來。我稱之為「傾聽產品要傳給我們的聲音」。

陶瓷這種製品，主要是用沖床把金屬氧化物的粉末壓鑄成型，然後放進高溫爐中燒成的，與陶瓷器皿同樣屬於燒窯的東西。但是因為屬於電子工業製品，對精密度的要求水準更高，一點點的尺寸差距或燒窯時的變形，都是不允許的。

我在剛創業時，曾試做某些產品。把東西放在實驗爐裡燒，就發生過這樣的問題，剛燒出的製品像魷魚乾一樣，兩邊彎來彎去、凹凸不平，好像我們只能做出很粗糙的東西。

在多次重複嘗試錯誤的過程中，有一次因為把沖床的壓力加壓方式弄錯了，我們才突然發現，製品會凹凸是因為製品的上層與下層粉末密度不同。但是，雖然我們找到發生問題的機制與原因，實際上要維持粉末的固定密度，在當時還是非常困難的工作。

於是我們一再改良做法，試行無數次之後，還是無法依照自己的想法燒出製品。我很想用自己的眼睛確認，到底為什麼會彎曲，想看看變化中的樣子，因此打開窺視用的爐上的小洞，定神地在那裡觀察。

觀察的時候，隨著溫度上升，產品果真就像活的東西一樣彎曲了起來。無論我看多少次，它好像忽視我這個注視者的想法一樣，就是會彎曲。我看著、看著，忍不住想把手伸進去爐子裡。「我拜託你啦！別彎起來！」心中有股衝動想把手放在產品上，防止它彎上來。我之所以會這樣想，一方面是因為身為技術者，對製品充滿期待；一方面則是身為經營者，心中掛記著不可以造成損失。

爐中的溫度是達一千多度的超高溫，當然不能把手伸進去。即使了解這點，我還是不自覺地想把手伸進洞裡。由此可見，我內心對產品的期待所形成的壓力，也升高到相當的程度了。

然後，針對我的想法，產品終於給我答案了。原因何在？我心中浮現「很想從上面壓下去」的那股剎那間的衝動，正好跟解決方案連結在一起。之後，我試著在產品上方壓著耐火的重物，然後進行燒窯，結果就能夠燒出很平滑、不會彎曲的產品了。

針對此事，我的思維如下：「答案總是在現場。」但為了得到答案，面對工作時，在心情上必須付出不輸給任何人的強烈熱誠，也要具有深思熟慮的精神。還有在實務上必須試著用誠實的眼睛，切實地觀察現場。眼睛專注地看、耳朵傾聽、心也要專注。這樣，我們才能開始聽到「產品對我們說話的聲音」，然後找到解決的策略。

以上的陳述，或許不像技術者的口吻，或屬於非科學的講法。但是，即使在充滿無機物的現場、產品之中，還是有「生命」寄宿其中，可以跟工作者的思慮深度、觀察的敏銳度相呼應，發出無聲的聲音——或者說瞬間出現

「物質回應內心的話」的現象，結果造就某些事物。以產品為例，就是做出「摸了可能會碎」的好東西。

經常記得，要過「有意注意」的人生

話說，還有這樣的例子。

京瓷集團的產品當中，有採用所謂非晶矽（Amorphous silicon）感光磁鼓（譯註：形狀通常為圓筒狀）的印表機或複印機。由於這種特殊感光磁鼓的硬度非常高，即使經過數十萬張的大量印刷，也不至於磨損，因此一直到印表機的壽命終止，仍然不需要更換感光磁鼓。

這是一項對環境非常好的製品，也是京瓷領先世界其他企業，成功做到量產的產品。製作非晶矽感光磁鼓時，要在精細研磨的鋁製圓筒表面，覆蓋一層矽質薄膜。但是，整體表面如果沒有以同樣厚度形成薄膜，就無法發揮感光的作用。問題在於，要讓這層膜的厚度保持一定，技術上極為困難。

不管怎樣，厚度只要出現千分之一公分的誤差就不行。當我研究到第三年時，雖然出現僅有一次的成功，但也僅此一次，接著想再做第二次，就做不成了。

只要無法再度呈現，也就無法持續製造，製造廠商就無法確立量產技術。當時全世界都在做這項研究，但是，任何企業都無法成功地量產。因此，有一次，我很想放棄、作罷。

但是那時我想，再一次就好，讓我回歸初衷，試著再度審視現場。我想到，只要針對膜的形成過程中所有的現象和變化，用自己的眼睛逐一檢查、確認，我的眼睛必定可以看到什麼，耳朵必定可以聽到製品要傳給我的聲音才對。

因此，我大聲激勵現場負責的員工，要非常注意與深入觀察任何新產生的現象，再細微的地方也不能放過。

但是，有一天夜裡我偷偷跑到現場察看，沒想到那位應該正在專心熱衷觀察的研究人員，姿勢有如「湖上泛舟划槳」般，正在打瞌睡。本來應該可以聽到製品的聲音，如今卻只剩下他酣睡時的呼吸聲。

於是我指派觀察力敏銳的研究員，來取代這位員工。同時，把研究所從鹿兒島搬到滋賀縣，並且大幅更換包括領導人員的研究人員，並大量採用新人。因為突然撤換幾年來已經固定的班底人員，就常識的角度來考量，風險的確很大。但是，沒想到這樣做反而產生好的效果，一年之後就開始成功地進行量產。

原因就在，前任人員欠缺那種能針對自己的工作、製品的深沉思考，和那種不敢怠慢、對現場進行細微觀察的熱誠，但後繼人員具備了。如果沒有這些，根本無法從事新的開發。像這樣的嚴厲程度，也是製造出新產品的必要條件。

日語有所謂的「有意注意」（譯註：意爲「有意識地注意」），是指秉持意識去留心留意。也就是說，具有目標、目的，然後認真地把意識或神經集中起來。例如因為聽到聲音，像反射動作一樣把注意力投向目標，這就是屬於無意識的生理反應，也可稱為「無意注意」」（譯註：意爲「無意識地注意」）。

有意注意是指，針對所有的狀況、任何微細的事物，都能有意識地凝聚自己的注意力去留意。前述的觀察行動，本來就需要連續做出這種有意識的注意才行。只是散漫地望著對象，注意力經常渙散，這就不算是有意注意。

前面提及的中村天風先生也曾經強調過，這種秉持意識去注意的狀態非常重要。他說：「除非是有意注意的人生，否則沒有意義。」由於我們的集中力有限，要我們經常把意識集中在一件事情上，是件難事。但是，如果能經常惦記著應該這樣做，慢慢地就會養成有意注意的習慣。這樣就可以抓緊事物的本質與核心重點，開始具備正確無誤的判斷力。

在我年輕的時候，也曾因為忙碌，就站在走廊上跟部屬對話。結果，當時的應答，有些日後反而變成問題。部屬說他的確跟我說了這些話，我則是完全沒有聽見——經過幾次這樣的經驗之後，我就完全停止在走廊聽取部屬報告的做法。

有話要說或討論，可以利用房間或辦公室進行。總之，就是要在能夠集中注意力的時候，聽部屬說話。我絕對禁止自己一邊做其他的工作，一邊聽取部下的報告。

所謂的有意注意，有點類似使用錐子這種工具工作。錐是一種一端很尖銳、可以有效率地達成目的的工具，其主要功能就在「集中力」上頭。如果能像錐子一樣全力集中在一個目標，誰都能夠順利完成工作才對。

再者，集中力是由思維力道的強度、深度與大小誕生出來的力量。首先，想要擁有這樣的想法是起點。至於這樣的想法究竟有多強？能持續多久？為了實現，是否能夠認真應付問題？以上都是決定成敗的關鍵。

描繪的夢想愈多，人生愈能大幅飛躍

到現在為止，我針對了解思想的力量，以及如何有意識地活用思想的重要，用實例來陳述。為了善用這種思想的力量，以便在人生或工作上，獲得更大的成果，最重要的工作，就是先描繪能成為其基礎的「偉大的夢想」。

擁有夢想、抱著大志、強烈地許下願望吧！這樣做之後，光是度過每天的生活，都得用掉全副精神。或許有人會認為，強調夢想、希望，好像是隨便說說的話吧！

但是，對一個可以憑藉自己的力量、切實地創造人生的人而言，必定會先抱持比自己想達到的基盤更大一點的夢想，與超過自己能力範圍的願望才對。我也一樣，年輕時期所懷抱的夢想的大小、目標的高度，可以說，就是拉拔我往前努力到現在的原動力吧。

就像前面提到的，我在京瓷創業時期開始，就懷抱著「我要讓這個企業變成世界第一流的陶瓷製造商」的願望。面對員工時，我也經常這樣說。當然，為了達到目的，我也立下具體的戰略，但是，當時卻沒有切實的把握會成功。就當時的時間點而言，那只是個沒有自知之明的夢想而已。但是，我在公司餐會（Konpa）的場合，卻一再重複地對他們說出同樣的夢想。透過這樣的手法，我把自己的「思考」變成全體員工的「思考」，最後，這個夢想終於實現了。

不管多麼遙遠的夢，你不去思考它，一定不會實現。再說，我們能輕易得到的，也只有強力要求「想要變成那樣」的心念而已。因此，我們必須將思維深植到潛意識裡，想呀想、不斷地想——說夢話就是其中一種行為模式。實際上，因為我們做了這樣的事，才會做出比實際更大、而且很接近現實的夢想。

夢想愈大，距離實現的距離也愈遙遠。即便如此，只要針對事情成功時的樣子、成功之前的過程，一再地想像，想像到眼前「看得見」的程度，具有濃密的形象。此時，除了通往實現的道路將漸漸明朗可見，許多能夠讓自己向成功更趨近一步的、各式各樣的暗示，即使在若無其事的日常生活中，也會出現。

例如走在街道上，或者喝著茶、發呆地想事情的時候，或者與朋友談天說笑的時刻……此時，其他人可能視而不見就放過的東西，或是在若無其事的場合發生的微細事物，或者不小心夢到的創意或暗示，就可能如靈光一閃、突然出現。

即使聽到同樣的事物，有些人會從中得到重要的資訊，有些人卻茫然不知所以。兩者之間的差別何在？就在日常有無「問題意識」而已。就好像很熟悉的故事，蘋果從樹上掉下來，看到的人很多，但是能夠從中發現地心引力的人，卻只有牛頓而已。那是因為，牛頓具有強烈到已經植入潛意識的問題意識。前面提到的神的啟示，或者說能變成創造源泉的靈感（inspiration），就是透過那樣的夢想，神賜給持續抱持著強烈願望的人的禮物。

我希望我們無論到幾歲，都是會說出夢想、描繪光明未來的人類。因為無法擁有夢想的人，既無法帶來創造與成功，就人類而言也無法成長。原因就在於，描繪夢想、加上創意功夫，就可以透過重複專心一意、努力的行為，不斷地磨練個人的人格。就此層面來看，所謂的夢想與思考，有如人生的跳躍點（跳台）——我想強調的就是這件事。

第2章
就原理與原則去思考

人生或經營的原理與原則，簡單就好

我們人具有一種傾向，就是往往把事物考慮得太複雜。但問題是，事物的本質是很單純的。乍見很複雜的東西，也是由單純的東西組合而成的。例如人類的遺傳因子，據說由多達三十億個、讓人數也不完的鹼基序列組合而成，但是用來表現的文字種類，也只有四個而已（譯註：鹼基對是以氫鍵相結合的兩個含氮鹼基，以胸腺嘧啶（T）、腺嘌呤（A）、胞嘧啶（C）和鳥嘌呤（G）四種鹼基排列成鹼基序列）。

真理的布也是由一根根的絲線織成的。能夠儘量把各種事物變得愈單純，事物本來的形態就會愈接近所謂的真理。因此，把複雜的事物修正成簡單的思考方法與發想，才如此重要。

雖然，我們可以稱此為人生的法則，但事實上，它也非常適用於企業經營。因為人生或經營根本的原理、原則是一致的，也是非常簡單的東西。我經常聽別人訴說經營要領與秘訣，當我陳述自己的觀點時，很多人回我的卻是不可置信、狐疑的臉色。原因是他們懷疑我，只知道如此簡單的事，用如此原始的方法，有可能從事經營嗎？

二十七歲創立京瓷的時候，我已經是陶瓷業界的技術者，多少擁有一點經歷。但是在企業經營方面，既沒有知識，也不具經驗。問題是，公司裡各種問題都需要解決，需要由我決定的事項接踵而至。身為負責人的我，必須為這些對策或解決策略做出最後決定。無論面對的是經營、會計、或者我不知道的領域的問題，都非得快速地下決定才行。

例如，這些微細的問題當中，只要我做了一個錯誤的判斷，對這個剛成立的小企業而言，都會關係到存活的問題。問題是，我是技術人員出身，身上並沒有足夠的知識，讓我對這些問題下判斷，就連以前曾成功過、不妨再用一次的前例，當時也沒有任何蓄積。

到底要怎樣做才好？我那時很煩惱。煩惱到最後，結果就是想到了所謂的「原理與原則」。也就是說，以「對人來說，何者才是正確的？」這樣簡單、單純的重點，做為判斷的標準。我當時的想法是，隨著這項原則，讓正確無誤的事，朝正確的方向繼續貫徹下去。

不可說謊、要正直、不貪心、不麻煩他人、待人要親切……這些小時候父母親及老師教導給我們的、身為人類當然必須遵守的規則，只要遵從人繼續存活時，必須預先知道的「理所當然」的規範，去經營企業就行了。

例如，就人而言哪些是對或錯、好或壞、可以做或不可以做，就把這些用來規範人類的道德或倫理，直接挪過來當成經營的方向或判斷的標準吧。

既然經營也是以人為對象的行動、行為，在經營上可以做或者不該做的事，應該也不能背離身為人類應該遵守的原始規範。

無論人生或經營事業的作為，都應該遵循相同的原理原則，再說，如果已經遵守原理原則，到結束之前，應該不至於犯下大的錯誤吧！——我的思考就是這麼簡單。

在此前提下，就能夠毫無迷惑、堂堂正正地從事經營，之後成功也會接著到來。

「人生哲理」成為迷惑時的指標

導向對人類而言最正確的生活方式，且單純的原理原則，換句話說，改用哲學來稱呼也行！問題是，它們不是那種課堂上、充滿難懂道理的學問，而是由經驗與實踐產生的「活生生的哲學」。

為何得確立那些哲學？我認為理由在於人生得面對各種情況，在感到迷惑、煩惱、痛苦、窘困的時刻，那些原理與原則可以在選擇往前的道路或行動時，做為判斷基準。

在人生途中，所到之處，有時會出現必須做決定或判斷的場面。例如面對工作、家庭、就職或結婚的局面，我們會不停地被強迫去做各種選擇或決定。因此，所謂的生存，可以說是不停在累積這種判斷，也可以說是不停地在做決定。

也就是說，那些判斷累積出來的結果，就是現在的人生。未來做出的選擇，則會決定你今後的人生。還有，是否擁有能夠當作判斷與選擇標準的原理原則，也會讓我們的人生樣貌呈現出完全不同的形態。

沒有方向就選擇，就像沒有帶航海圖就出航一樣；沒有哲學依據的行動，就像在沒有燈火的暗夜摸黑走路。用哲學的說詞如果太難理解，可以換成屬於自己的人生觀、倫理觀、理念或者道德等說法。上述這些東西是人賴以生存的基軸，功能是當你迷路時，可做為回頭、重新出發的原始據點。

現在的ＫＤＤＩ，是由我所創的第二電電（ＤＤＩ）與最大國際電信企業國際電信電話（ＫＤＤ）以及屬於豐田集團的日本移動通信（ＩＤＯ）三家公司合併而成的，時間在二〇〇八年秋天。因為這項合作與大團結，才能創立足以和日本電信電話（ＮＴＴ）相抗衡的通信事業。

當時在行動電話領域，ＤＤＩ與ＩＤＯ採用同樣的方式，將日本全國分為兩個區域，各自發展事業。我認為長此下去，根本無法對抗這個領域的巨人NTT DOCOMO（譯註：ＮＴＴ的子公司英文名爲NTT DOCOMO INC.，爲日本最大的移動通信事業，日本政府佔有二〇％的股份）。結果將造成市場無法進行自由競爭，ＮＴＴ處於實質的獨佔狀態，我擔心無法充分帶給利用者提升服務品質、調低費用的好處。

因此，我提出合併的建議案。問題是，合併的方式是用「吸收合併」還是採用「對等合併」？中間的調整，極度困難。從過去的銀行合併案例來看，因為彼此強調「對等」，導致雖好不容易合併成功，卻一直持續為主導權爭論不休，這樣的例子很多。

我考慮到最後，提出一項建議，就是並非三企業同等，而是希望進行由

ＤＤＩ主導的合併。理由當然不是基於我具有獨霸或自家企業優先的想法，而是考慮到合併之後的新企業，也要能夠順利地營運才行。經過冷靜判斷後我認為，三家企業當中，由業績最好、經營基礎最穩固的ＤＤＩ掌握主導權最佳。

事業的「原理原則」在哪裡？不在企業的私利、或者公司的面子，而是在對社會、人類的幫助。企業經營的骨幹，就是提供優質製品與服務給消費者，這應該就是原理原則。

如果是這樣，那就不止是做出合併就了卻責任，而是應該釐清經營的責任，讓新公司的營運儘快步上正軌，並且能做到長期、穩定的經營。若非如此，就無法喚醒市場真正的競爭機制，也無法帶給消費者或社會任何利益。

我就是由這個角度做出客觀的判斷，然後才得出由ＤＤＩ取得主導（Initiative）最好這項結論。接著，我也誠心誠意向對方表明我的想法，包括有關日本資訊通信產業未來應有的姿態等。

還有合併之後，讓目前已經是ＩＤＯ與ＫＤＤ的最大股東——豐田集團，依然擔任最大股東，京瓷以股份略少的程度位居第二大股東，當時我也做出這項提議。

就這樣，透過我的誠意與熱心，這項合併案終於達成協議。之後導致ＫＤＤＩ這家新公司的大躍進，我想大家都知道。

把他人的利益、而非自己的利益擺在第一位——能夠貫徹這種經營的原理原則，就能夠跟成功的大道連結在一起。

能固守原理與原則，不隨波逐流嗎？

確保以原理原則為基點的哲學，然後遵循這種人生哲學去生存，就可以將事物導向成功，為人生帶來大收穫。問題是，這絕對不是一條有趣、輕鬆可行的道路。以哲學做為基準過生活，必須受到很多牽制和束縛，毋寧說是痛苦的時候居多。有時候還得「蒙受傷害」，走在苦難的道路上。

遇到有兩條路可選，正在為選擇迷惑時，有時必須遠離自己的利益。例如，有一條充滿荊棘的困難之路，如果是「本應如此」的路，還是應該選擇它——有時必須勇敢地去選擇憨直、不精明的生存方式。

但是，就長期的眼光來看，依據穩固的哲學發出的行動，絕對是有利無害的。就算一時之間利益受損，最後該來的「利益」還是會回來，而且絕不會造成嚴重後果。

例如，日本經濟即使到現在，還無法自泡沫經濟後遺症當中抽腿。當時很多企業爭先恐後地投資不動產，因此架構出一條用血鋪成的不歸路（譯註：原文爲「血道」）。當時，只要轉賣掉土地所有權，土地的資產價值就不斷上升。銀行見到土地價錢上漲，就給予鉅額貸款，再用此貸款去投資不動產——當時有好多企業都在做這樣的事。

「擁有」這件事，就讓商品的價值一直上升。從經濟原則看，這是很不可思議的事，但是違反經濟原則的行為，大家卻理所當然地去做。結果當泡沫崩潰時，照理說應該產生價值的資產轉瞬間就化為負債，很多企業因此抱著許多不良債權（呆帳）。

現在或許因為泡沫經濟的熱度已經減退，大家才說得出口吧。但是事實也是這樣，如果能擁有確切的原理原則或哲學，無論在任何狀況下，應該都能夠從事正確的判斷才對。

到那時為止，京瓷的確因為經營繁榮，蓄積很大金額的現金存款，因此我也受到很多引誘，要我將這些錢投資到不動產上，以便增加財富。當中還有認為我可能不了解投資「甜頭」的銀行界人士，細心仔細地教我了解整個賺錢機制的架構。

但是我認為，光是把土地從左邊移到右邊，就能夠產生多大的利益，天下不可能有這樣美好的事。就算有，那也是泡沫般的橫財，入手簡單，逃走必定也很快。因為我這樣想，所以拒絕所有投資的商談。

「用自己額頭上的汗水賺來的錢，才是真的『利益』。」

我本身具有如此絕對單純的信念，也是植基於向來貫徹「對人類而言正確的事物」這項原理與原則的緣故。因此，就算聽到可以獲得鉅額的投資利益，因為以「不可以貪心」來自我戒律，因此我的心完全不為所動。

就像這樣，自己心中是否具有「寧可利益受損也要遵守」的哲學，「知道痛苦還是接受」的覺悟。這就是決定你能否採行真正的生存之道，以及你能否得到成功果實的分水嶺。

要貫徹到底才有意義，光知道是不夠的

話雖如此，但是我們人類本來就是一種脆弱的生命，還是得適度地保持意識並告誡自己。否則，可能不經意地就會向欲望、誘惑投降，這的確也是事實。

以上提的都是發生在相當早之前的事，比較近的例子也有一個。當京瓷成長到某種程度時，經營幹部（譯註：原文「役員」，日本公司法規定的役員包括董事、會計、監察職等幹部）因公外出時，可以使用備有司機的公司車。

有一天，某位幹部定時下班時，沒有公司車可用。因為總務部負責派車

的人，把車派給非常忙碌、需要用車的業務部經理（部長）去洽公。

那位幹部知道此事之後，竟然發出怒吼說，只是個業務部門的經理，竟然用公司車，成何體統？最後，這件事傳入我的耳裡，於是我把那位幹部叫過來，並且對他說：

「並非身為經營幹部很偉大，所以有車可用。設置公司車的原意是，為了那些正在從事重要工作的人，提供移動工具給他們，讓他們不必為雜務分心，專心在工作上。你好好想想吧！一個定時回家的經營幹部，有資格怒罵一個忙著工作的經理嗎？」

就算經營幹部擁有優先權利，但是公務車畢竟是公司的，不是你「自己的車」。那就是原則，也是道理。但是身在組織當中，尤其是在地位比較高的人身上，就很難看到這種理所當然的思維了。我過去也曾經有過相同的經驗。

京瓷剛創業時，公司車是速可達（譯註：又稱小綿羊或踏板車，爲摩托車，英文爲Scooter），因為只是兩輪車，所以我自己騎。後來換成速霸陸三六〇（譯註：Subaru360，是由日本富士重工業開發的小型汽車，一九五八年到一九七〇年十二年間總共產銷近四十萬輛），最初還是由我自己開車，用車幾乎都是為了工作；後來因為開車中一直考慮公司的事，十分危險，才開始雇用司機。

最後，公司又換了更大的車，不但配備司機，還可以接送我上下班。有一天早晨，車子到家中接我，正好妻子也有事要出門。我不經意地對妻子說，反正有車，可以送你一程，結果妻子拒絕我說，不行。

「如果是你的車我就搭，但是那是公司的車吧？不可以因為有公司車就拿來私用，這是以前你自己說的話喲！你說公私要嚴格區分清楚，所以我走路去。」

就這樣被一棍子打敗了，但是妻子所說的才是正確的，我也因而用心反省自己。

雖然這些都是微小的例子，但凡事都是「知易行難」，實行起來皆非容易。從這點來看，如果不能用強烈的意志力去貫徹、執行，光擁有原理、原則也是沒有意義的。

總之，原理、原則這種東西，雖然是正確與力量的泉源，但是如果不能一直對自己耳提面命，也是很容易遺忘的東西。正因如此，平常不可以忘卻反省的心，自己的行為要自己反省、自己控制。還有，甚至把這些道理也放進生存的原理、原則裡，這點也很重要。

思維的向量，決定人生整體的方向

我從現實的工作與經營有關的事物上，學到的真理或經驗法則，也就是就人類而言，理應遵守的簡單的原理、原則。這些法則都是可以用言語記錄下來的平凡道理。我認為，這種平凡與單純是以「普遍通行」做為基礎的。在此我想試著介紹給讀者，雖然只是其中一小部分。

首先想呈現給各位的是「人生的方程式」。也就是我在前言曾經提到的「人生、工作的結果＝思考方式×熱誠×能力」公式所表現的法則。在這個公式當中，最重要的因素（factor）就是「思考方式」。

請容許我再重複一次，這個「人生的方程式」是只擁有跟常人一樣能力的我，想要做出超乎常人的事，對世界、對人類多少有提供一點助益，再三思考之後才發現的方程式。之後，在我實際工作、步向人生時，這個方程式經常成為我生存的基礎之道。

這個方程式的重點，在於它是用乘法來計算。例如，有一個頭腦聰明度達九十分的人，但是這個人因為聰明而驕傲、不肯努力，只發揮了三十分的熱誠，他的積分就是二千七百分。

另外一個人，雖然頭腦的靈敏度跟一般人無異，大約擁有六十分的能力，卻能自覺到「因為我沒有才能」，而想要用努力來補此不足的部分。如果他用超過九十分的、幾乎要溢出來的熱誠去從事工作，結果會如何呢？他的積分是五千四百分，比起前面那位有才能卻沒熱誠的人，算起來他應該可以創造出兩倍的成就。

再來就是將「思考方式」的分數也一起用乘法計算。這項思考方式最重要的地方，是具有方向的特性。也就是說，可以分為好的與壞的思考方式。有人往正面方向去發揮他的熱誠與能力，也有人用負面的方向去做同樣的努力。

因此，只有這項思考方式的數值具有負向的分數。就算你的熱誠、能力得分很高，如果你的思考方式是負面的，乘法計算出來的結果（人生或工作的結果）也會變成負分。例如具有天賦才能的人，傾盡熱誠，努力去從事詐欺、竊盜等犯罪的「工作」，一開始就朝負面方向思考，絕對不可能得到好的結果。

就像這樣，因為人生的方程式是用乘法來計算，首先思考就必須朝正面發揮才行。如果不是這樣，無論你擁有多麼優秀的能力，抱持多大的工作熱誠，也只不過像腐爛掉的寶物，還是會為社會帶來禍害。

爾後，我發現福澤諭吉（譯註：一八三五年～一九〇一年，日本明治時代的思想家、教育家、軍國主義分子，主張日本「脫亞入歐」，日本的一萬日圓紙鈔正面為他的肖像）的演講辭當中，有一段話剛好可以印證我的「人生的方程式」是正確的。這段話內容如下：

「思想的深遠要像哲學家，心術的高尚正直要如元祿武士，此外，還要加上如小公務員般的才能，再加上小老百姓們的身體，這樣才能初步成為實業（企業）社會的大人物。」

在實業社會中，成為偉大人物的必要條件——大致上依照優先次序排列——這就是他的談話。也就是說，首先要有哲學家的深沉思考，其次要有武士般清廉的心，以及小官吏們共通擁有的才能，和老百姓的強健身體。以上條件匯聚齊全，才開始有可能成為對社會有利的「大人物」。

福澤諭吉所說的深度的思想與清廉的心，其實就相當於我的人生方程式裡的「思考方式」，還有程度如小小賢才般的「能力」，加上有強健的身體，才不會鬆懈而不努力，不就等於我所說的「熱誠」嗎？——加強創意之後，也讓我重新認識人生當中的思考方式、熱誠與能力的重要。

如何安排自己的人生大戲？

「一天又一天，非常認真地過生活」——雖然是很單純的事，卻也是做為生活之道的骨幹、重要的原理、原則之一。

舉劍術活動為例，就像在道場練習時不用竹刀，而是用真劍演練。拉弓時就全力朝滿月形狀拉到最強的程度，一點鬆弛、一絲空隙都不允許，在充滿緊張的氛圍中放箭。經常用必死決心、真心真意、拚老命的心情和態度，去應對每天的生活和工作。這樣做的時候，就有可能活在自己心中描繪的人生當中。

人生猶如一齣戲，我們每一個人就是自己這部人生大戲的主角。不只是這樣，我們也身兼這部戲的導演、劇本作家、製作人等，所有的工作都可以自己獨力去完成。或者說，我們的人生也只能是一部自導自演的戲，這就是所謂的人生。

因此最重要的，就是到底要怎麼製作自己的人生大戲。就人的一生的時間，要寫出什麼樣的劇本，讓主角，也就是自己去演出這齣戲（生活）呢？

欠缺認真與熱誠，或者懶惰鬆散地過日子，人生中可沒有這種浪費又可惜的事。為了讓人生這部戲的內容更加豐富又充實，必須把每一天、每一瞬間的生活都加上了「DO」（譯註：原文「ど」放在字頭時，表示加強語氣）這個字母的努力、認真程度去度過才行。

我指的就是，擁有隨時可以燃燒般的強烈意欲和熱情，對不同的時間點、所有的事物，都用「非常認真」的態度面對，合在一起生存下去。這時所積累的，就是我們人類的價值，可以讓我們的人生大戲結更多果實、更加充實。

如果沒有這種非常認真的熱誠，就算上天給多少才能，或者思考方式多麼正確，也無法讓人生結出很多果實。無論你想把人生劇本寫得多縝密、細緻，如果要讓你的劇本內容實現，「非常認真」的熱誠是絕對必要的條件。

不管任何事物都要認真以對，全力衝刺——也可以用「逼自己盡全力」來形容此事。也就是說，就算有了困難，也不應該逃離現場，應該具有敢從正面應對、並且想要老實解決問題的姿態。

雖然有點困難，但是面對必須解決的問題時，眼神是否能夠不閃爍逃離？是否能夠由正面切入、面對問題？這就是能否獲得偉大成功的分界點。

如果擁有迫切的心情，無論發生什麼事都非成功不可——再加上，不要忘記誠實面對事物的謙虛姿態——這樣的心情就會連結到，平常可能不會去留意、非常細小的解決問題的頭緒。

我用「神的耳語啟示」來表達這種現象。彷彿是神對重複祭出拚死努力、苦悶至極的人的同情。神會想到，看他那麼拚命在努力，好想幫他！因為我感覺到這是神在給我答案，因此我經常大聲鼓勵我的員工說：「要努力到讓神感動得想伸手幫忙為止。」

由正前方站著面對困難，然後逼出自己能力的極限。這樣的精神就可能打破原先認定不可能的狀況，產生有創造力的（creative）成果。不斷累積這種行動，就可以為自己的人生大戲的劇本注入生命力，讓戲變成真實。

不在現場揮汗，什麼也學不到

人生當中，「重視體驗感想甚於知識」也是一項很重要的原理、原則。換句話說，「知道的事」未必就等於「會做的事」。只是知道，不可以就此認定自己已經懂得如何做。

以陶瓷的合成為例，只要透過讀書就可以知道，把哪些原料加在一起、用多高的溫度去燒，就可以燒出陶瓷。但是，就算你照著書上的理論試著去做，也燒不出自己想像中的東西。必須在現場經過無數次的經驗累積，才能把握到精髓。知識加上經驗，事物才有可能初步「製造成功」，一件事一直到成功為止，只能算是「知道（的事）」而已。

眼前是所謂的資訊社會，也是偏重知識的時代，因此認定「只要知道就會做」的人似乎也增加了，這是很大的錯誤。「會做」與「知道」之間還有很大的鴻溝，而能夠填補這道鴻溝的，就是工作現場的經驗。

就在我剛創業的時候，我曾經參加一個經營研習會。講師的名單當中，有本田技研工業的創辦者本田宗一郎的名字。我之所以會參加，就是因為想聽聽有名望的經營者講的話。地點是租來的溫泉旅館，兩天三夜的活動，參加費用高達數萬日圓。在當時這是一大筆金額。我因為很想見到本田先生、聽他的聲音，因此不顧周遭反對的聲浪，執意前往參加。

當天，與會者先去洗完溫泉浴，穿上浴袍，圍坐在大廳裡等待本田先生蒞臨會場。過了一會兒，本田先生的身影出現了，不過他好像是由濱松的工廠直接趕過來，身上還穿著沾滿油污的工作服。接著，一開口就來一記當頭棒喝。

「各位，你們到底想到這裡做什麼？好像是想學習經營吧！如果你有這種閒暇，請不要拖延，趕快趕回你的公司去工作。證據就是，我從來沒有向任何人學習過經營。像我這樣的男人也可以經營企業，你們只有一件事可做，就是快一點回公司去努力工作吧。」

就這句，用明快簡潔的口氣貶低人，甚至加上「哪裡有這種願意付高額參加費用的傻瓜呢？」惡毒的話。我這邊連哼一下都不敢出聲，因為情況就像本田先生說的啊！

見到他的姿態，我覺得本田先生比以前更具魅力。好吧！當時我也想早點回公司去工作呢！

總之，本田先生教我們看清楚，自己在榻榻米上練習游泳是多麼可笑。在榻榻米上練習游泳是不可能學會游泳的。寧可一口氣跳進水裡，專心揮手練習。除非自己在工作現場流汗，否則是學不會經營的——本田先生就是如此。能夠成就偉大工作的智慧，除非累積經驗，否則是得不到的。也就是說，自己身體力行、全力工作的實際體驗，將會變成個人最珍貴的財產。

就是現在，抱著必死決心、活在當下

指的就是帶著滿滿的熱誠，非常認真地活在當下。也就是埋頭在眼前的事物，讓每個瞬間都充實到沒有雜念。這樣的行為與通往明天或將來的道路，是連結在一起的。

聽我這番話之後，可能有不少人會感到訝異。但是我從來不曾擬定所謂的長期經營計劃。當然我的心中也知道，以經營理論為基礎的長期經營戰略等策略，是必需且重要的。問題是，如果今天都無法存活，連明天都無法預測，那麼五年、十年後的事，我們有辦法預知嗎？

我想最重要的，首先是把「今天」拚命過好再說。不管你試著列舉出多大的目標，也要靠每天認真面對平實的工作、不斷累積成果，否則也無法成功達到終點。偉大的成果，必定是來自累積努力的實績。

勿急於搶奪眼前的功勞，假如你拚命地、認真過好今天這一天，自然會看得到明天。就這樣連續過著充實的每一天，經過五年、十年之後，就會出現大的成果——我就是這樣思考並用心記取，從事經營至今。結果就是體會到「如果能度過完美的今天，就看得到明天。」有如人生真理的這句話。

我們的生命與人生，本來就是非常有價值且偉大的東西。如果只是庸庸碌碌地度過如此有價值的人生，將不只是浪費而已，這種生活方式也正好違反宇宙的意向。

因為天、地與自然（譯註：即生命居住的世界）是宇宙裡必要的存在，因此我們人類也才存在。無論任何一個人，都不是偶然地被生出來的，因此，在這世界上也沒有任何東西是沒有用處的。

或許從大宇宙來看，一個人或其他生命的存在只是很微小的東西。問題是，無論是多麼小的東西，我們都是因為某種必要的原因，而存在於這個宇宙。即使只是小到無法盈握的東西，或是沒有生命的物體，也都是被宇宙認定「有價值」所以才存在的。

現在、當下要拚命努力地活著——即使是自然界細小的活動，也在無言中告訴我們它們的重要。例如在北極圈裡的凍土層（tundra）地帶，利用短暫的夏季，各種植物一齊發芽，盡可能地開花結果，希望能盡全力、緊湊地過完極短的一生。

利用這種過程，歷經冬季長期的準備，想把自己的生命託付給下一代。真的是既沒雜念也沒餘念，只是專注在過好「現在」的生活這件事情上。

在非洲乾旱的沙漠中，一年會下一、兩次雨。不知是否受惠於這些上天給的甘霖，很多植物總是趕快發芽，並且急著開花。然後在一兩週、非常短暫的時間內，把種子埋進土裡，到下一場雨降下來之前，種子必須容忍嚴酷的熱砂，就這樣把下一代的生命給繁衍出來。

連自然界所有的生物，都知道要利用上天給的時間，全心全意地、非常認真地度過每一個瞬間。因為拚命地活在「現在（今天）」，小小的生命才能跟明天連結。那麼，我們人類也不能輸給花草，不該忽視每一個日子，必須非常認真地過生活才行。

我想，那是我們跟這個宇宙——祂讓我們出生在這個世界，並且賦予生命的價值——的約定，也是照我們想自己所想的方式，充實所謂的人生大戲所需的必要條件。

愈熱愛，愈能成為「自我燃燒型」人物

除非是可以自己燃燒、具「自燃」能力的人，否則很難成就事物。我把這種現象用「可自燃」的字眼來呈現。

東西可分為三種類。

1 靠近火源就可以燃燒的可燃型。

2 靠近火源也無法燃燒的不燃型。

3 自己就可以發火燃燒的自燃型。

人類的型態也一樣。有的人，即使周遭的人沒有建言，自己也會突然「霹靂！啪啦！」地燃燒起來；也有的人，就算旁人提供能源給他，不知道他

是虛無還是酷，就是不肯卸下冰冷的態度，這種人屬於一點也燒不著的不燃型人物。

這種人其實也擁有能力，卻是欠缺熱誠與熱情的人吧！這類型的人當中，無法活用其難得的能力、就過完一生的人相當多。

從團體的角度來看，不燃型的人通常不受歡迎。因為不只是本人顯得像冰塊般冰冷，有時候那種冰冷的程度，還會吸掉周遭的熱量。因此，我經常這樣告訴部屬：

「那種不燃型的人，別讓他們進來我的公司。我期待你們都是可以自己燃燒的自燃型的人。至少也要當個靠近能燃燒的人身邊時，會跟著燃燒的可燃型的人物才好。」

能成就事物的人，都是能自己燃燒的人，甚至會把自己的能量分享給周遭的人；絕對不會是只做他人交代的工作，聽到命令才開始有動作的人。在還沒有被告知之前已經率先展開工作，變成周遭的模範，是這種富於主動、積極特質的人。

那麼，要如何訓練自己，才能成為自燃型的人呢？怎麼做才能鍛鍊出能自燃的體質呢？最大與最有效的方法就是「熱愛工作」。有關這點，我的解說如下：

「要完成一份工作，需要非常大的能量。再者，這份能量有賴於自我激勵，讓自己燃燒，產生這股能量。而讓自己燃燒的最好方法，就是讓自己喜愛工作。因為無論什麼樣的工作，只要自己主動全力去完成，不但會從中誕生很大的成就感和自信心，還會產生向下一個目標挑戰的欲望。在這樣的反覆過程中，你就會更加熱愛工作。如果能做到這樣，那麼再怎麼努力也不以為苦，也就可以達到優異的成果。」

總而言之，「喜愛」才是最大的動機（motivation）。無論意欲或努力，再加上通往成功的路徑（譯註：即方法），都是以「喜愛」為母體所衍生出來的。

「為愛而跑，千里也縮為一里」、「因為喜愛，所以擅長」是日本人習慣的說法。只要喜愛，意欲自然沸騰，然後努力工作，就能達到最起碼的進步。在別人的眼中看起來很辛苦，本人反而感到這是一種樂趣。

我因為忙著工作，甚至很少在家。因此，附近鄰居也擔心地問妻子和家人：「你們家的主人，到底什麼時候才回家呀？」。住在鄉下的父母也捎來家書，給我「那樣工作會把身體搞壞喔！」的忠告。

然而，我本人卻出奇地平靜。我是因為喜歡才去做，因此既不感覺痛苦，也感覺不到絲毫的疲倦。

事實上，除非你熱愛工作到這種程度，否則也無法留下很大的成果。不論在哪個領域，所謂的成功人物，都是醉心於自己的工作的人。要徹底地喜愛你的工作——這可以說是唯一的方法，透過工作，可以讓你的人生變得更豐富。

戰勝自己往前進，人生就有大轉變

那麼，怎麼努力也無法喜愛工作的人，又該怎麼辦？總之，先拚命、專心一意地投入，去試試看再說。

透過這種過程，從痛苦當中，就會像滲出甜汁一樣，生出喜悅的感覺。「喜愛」與「投入」就像銅板的正、反兩面，兩者的因果關係不停地循環展現；因為熱愛所以投入工作，因為投入所以熱愛工作。

因此，初期就算有點勉強也沒有關係，首先在心中反覆告訴自己「自己正在從事很美好的工作！」、「我擁有如同上天恩賜的職業呢！」這樣做之後，自己對工作的看法，自然而然就會改變。

無論什麼工作，只要非常拚命地投入，就會有成果誕生。由此也會逐漸從中產生快樂與趣味。工作如果變得有趣，工作意欲就更加沸騰，於是又產生更好的成績。萬一進入這樣的良性循環，你也應該會留意到，不知何時，自己已經開始喜歡上工作了。

先前我已經提過，我大學畢業之後前往就職的企業，是個隨時倒閉也不足為奇的破舊企業。那時，同事們一個個辭職離開，只有我一個人留下來。之後我無計可施，只好這樣想：「不管怎樣，還是拚命先把眼前的工作解決了吧！」就在我這樣做的過程中，不可思議的事發生了，好的研究成果一再出現。當然研究工作也就愈來愈有趣，於是我的工作熱誠再度提升，對工作更投入，因而形成了良性循環。

即便怎麼做還是覺得工作討厭的人，再試著努力看看。抱著覺悟的心情向前走，試著去完成工作，因為這樣做，與人生是否能有大轉變，具有連帶的關係。

在此時，最重要的事，可以說就是「戰勝自己」吧！也就是壓抑自私的慾望，禁止想寵壞自己的心，如果做不到這樣，不但無法成就任何事物，也無法把自己的能力發揮到極限。

例如，世間有很認真用功讀書，因此考試拿到八十分的人；也有頭腦動得很快、很聰明，不讀書也能考到六十分的人。後者面對前者時可能就說出：「那家伙是個書呆子，當然考得好。不過如果我真的認真讀書，一定可以拿到比他高的分數。」

這樣的人出社會之後，對比自己努力、所以比自己成功的人，多半也會用「他在學校的時候也不怎麼樣，我的成績比他高好幾個層級」的惡言批評對方，然後誇耀自己的能力。

如果只運用潛能做事，或許他說得對。但是處理工作時的熱誠差之毫鳌，效果也會失之千里，一切會依循「人生方程式」運行。其結果就是，自己與對手的人生產生相反的結果。

所謂的書呆子就是，放棄欣賞自己喜愛的電影、電視節目，戰勝自己想隨簡單、容易方向流動的心，能正面迎向困難、處理問題的人。在社會上獲得成功的人也一樣，必定是那種控制想玩樂的心情，鼓勵自己努力工作的人，才能得到成功的結果。另一方面，會把這種人當成小傻瓜的人，一定不會去改變自己凡事「想逃」或怠惰的習性，別人會正面解決的問題，他卻毫不在意地只從側面眺望。

或許所謂人類真正的能力，也包含前述這種能憨直地處理事物的克己之心。無論你具有多少才能，如果總是向自己的習性屈服、流於安逸、不肯由正面向前努力，也就可以說，你欠缺了「讓自己與生俱有的才能活起來」這句話所意指的能力。

想在所謂人生，這個長期、寬廣的舞台上演出戲劇，並且想獲得偉大的成果，光是數腦細胞的皺褶數是不行的。無論任何時候，都要憨愚地認真處理工作、正面迎向困難，這才是達到成功的唯一法則，也可以說是我們每天都該銘記在心的原理、原則。

踏實、極度認真、拚命地工作——這樣說好像顯得很平凡無奇。問題是，這樣平凡無奇，才隱藏得住人生的真理呀！

能破解複雜的問題，凡事皆清晰可見

在京瓷內部，如員工之間或各部門之間，有時也會出現「不是那樣、應該這樣才對」員工高談闊論、甚至彼此認真吵架的場面。例如，有關新產品的交期或價格等問題，製造部門會提出A意見，業務部門則提出B意見。

我還在擔任總經理時，員工之間如果意見相左，怎麼也無法達成結論時，他們就會說「這樣的話就只能去找總經理了」，抱著意見到我這裡，希望我做最後裁判的實例很多。我會先聽雙方說出意見，於是一派說應該這樣，一派強調最好這樣做，然後由我做結論。於是我就說：「是這樣嗎？是這樣才對呢！」讓大家都同意。然後不可思議地，大家不再口沫橫飛，而是面色愉悅地回到工作的崗位了。

並非因為公司內最偉大的人說了算，而是因為我總是由沒有矛盾、利害的觀點，冷靜地去設法解決問題。還有，問題的原因極為單純，我只是負責點出真相與提出解決方案罷了。

例如，部門之間產生爭議，呈現奇怪的氣氛。經過抽絲剝繭、理出紛爭的頭緒後，就會發現造成爭議的原因，通常都很細微，如疏忽、怠於必要的聯繫，或者只有簡單說聲謝謝、溝通誠意不足等簡單的理由——還有，多數是基於自私的心態。我以這些證據做為判斷的基準，回到對人而言何者才是正確的基點，並導出結論。結果，我的判斷往往也是「公正不阿的判決」。

要做出精準、公正的判斷，最重要的就是，必須用明亮的眼力去觀察事物。再者，不要注意枝梢末節，眼光要直接聚焦在問題的根部。

試著用這樣的眼光眺望，接著就能理解：由公司內的問題開始，大到國際間的問題，小到家庭內的爭吵，當事人會不斷把各自的想法揉捏進去、不斷重複陳述道理，然後架構出複雜奇怪的問題，這種情況何其多。

因此，探身進去觀察，看到好像很複雜的問題，處理時最重要的是抽身退回原點，然後遵循單純的原理、原則去判斷。即使面對令人束手無策的難題，只要用誠實的眼光，依據單純明快的原理，對事物的是非、善惡做出判斷就行。

接受委託擔任稻盛基金會副理事長，也是世界有名的數學家廣中平祐老師（譯註：一九三一年生，日本的數學家，為第二位獲得數學界的諾貝爾獎——菲爾茲獎的日本人）就提出過以下的卓見：「看起來複雜的現象，其實不過是單純事物的投影罷了！」

這是老師解答一個從來沒有人能解的數學題的故事。平常人在解數學等自然科學的問題時，都是把問題的要素全部分解開來，然後求解。但是，老師卻在這個時候採取相反的做法，利用提高一個次元的方式求得解答。

也就是說，用第三次元的觀點來觀察第二次元的問題，然後很單純明快地導出答案。有關此事，老師也是用我們這種外行人也能懂的比喻來說明。

「這裡是沒有紅綠燈等交通號誌的十字路口，因為沒有交通號誌，四面八方湧進的車輛無法進退，造成大混亂。放著不管就無法解決這場混亂，因為大家都從平面交叉的二次元世界找答案，因此才有問題。如果在這裡加入『高度』的新因素，也就是把三次元的觀點帶進來，結果會是如何？

換句話說，如果把平面交叉的路口，改成立體交叉——結果即使沒有號誌，車流也可以順利地通過。我的思考也類似這樣，乍見之下很複雜的現象，很多只是單純結構的投影而已。因此只要改變視覺角度，或者說提升一個次元，再回頭重新看問題，事實上很快就導出答案了。」

誠如廣中老師說的，讓事物變單純，我們應該擁有可以直搗事物本質的

「提高次元的眼光」。透過遠離私心、自私、算計與執著，培養光明正大且利他的心，就能夠擁有這樣的眼光。

試著用單純的方式，思考國際問題、與國家之間的摩擦

以前，日本因為第二次世界大戰時的慰安婦問題，或南京大屠殺問題，與中國之間出現不和諧的聲音。日本因此舉行座談會，討論是否應該向中國謝罪道歉。我的意見是應該道歉，同座的大學老師們聽到之後，都出現震驚的臉色。

一個國家向另一個國家道歉，只有在發生相當大的事故時。甚至有時還會出現不能道歉的情況，例如，因此損及國家的權威，或在國際法上會因而對我方不利。

我也理解，個人的感情應該與國家的政治分開來談論。但是就算如此，

過去的日本曾經侵略別的國家，蹂躪他人的國土，這是歷史上的事實。因此，該道歉還是道歉比較好，現在我還是這樣認為。

面對曾經造成對方麻煩，而向對方道歉——這是超越常識、道理或者利益、面子，就人類而言，普遍該做的「正確行為」。是該當遵守的規範，雖然非常單純，卻不容許被歪曲的原理、原則。因此，就算道歉謝罪會造成某種損失，還是得去做才行。

這種真摯、誠實的態度，一定可以跟對方取得溝通。反過來說，日本對中國、韓國的道歉一直很難順利進行，就是因為並非誠摯地道歉。日本的道歉當中混雜著身段與牽強，不是嗎？這樣做只會把本來很單純的事變得太複雜，使情況更惡化，這是我親眼見到的。

就像這樣，返回原點來看國際紛爭與經濟摩擦問題，一定可以看出解決問題的頭緒。愈混亂的問題，愈要根據單純的原理與樸實的想法，去做判斷與採取行動。我認為，那是不被複雜的「影子」迷惑，也不會陷入狹隘的視野，能立即抓住事物的本質與真理的最好方法。

以國家間的經濟摩擦為例，主要原因是國際貿易收支的不平衡，而造成這種現象的主因，就是有「國界」。每個國家採行自己的政策，擁有自己的貨幣，所以才會產生國與國之間的貿易黑字（盈餘）和貿易赤字（虧損），最後引起經濟摩擦。

事實上，經濟已經走向全球化，人與物也可自由出入國境、相互來往，但是被國境分隔的國家，因擁有的政策、貨幣的不同變成障礙，才會產生經濟上的差距與摩擦。這樣的話，只要取消國境，讓世界變成一個國家，用同一種政策，貨幣也統一，問題不就朝解決方向推進了嗎？

根據這種單純的原理與思考方式，我以前曾經提過「世界聯邦政府構想」的提案。這個提案內容就是，世界中的國家、民族廢除彼此間的國境，形成一個共同體，在和平與協調中發展。為了實現這種理想，必須成立以廢除國界為目標的國際機構，由此機構實施各式各樣的政策。

我不得不這樣說，我提的是跟無國境連結在一起、政治上也要「製造出沒有國境的世界」的非常大膽的構想。為了實現此構想，還有不少問題要解決。但是我認為，這絕非完全無法實現的理想主義論調，也不是一幅誇張的想像畫。

理由就在於，各個先進國家之間，已經面臨必須解決在執行經濟政策上須協調的問題。事實顯示，各國的權力都在一步步朝受限制的方向移動。再者，歐盟（ＥＵ）的誕生，形同世界聯邦政府的先驅機構，它讓歐洲變成一個共同體，因此各國原本分散的政治、經濟政策也朝統一方向前進。歐元這種統一貨幣的誕生，可以說是歐盟的象徵。如果現況是這樣，這樣的運作要擴展成世界的規模，並非絕對不可能達成。

一定也有人會指責，如果沒有國家的概念，那麼各國擁有的歷史、文化，不就會被消滅嗎？問題是，人類存在的歷史比某個國家的歷史還長，此後也得常年累月繼續生存下去。總之，首先強調人，其次才是國家，倒過來想是不對的。再說，文化與歷史也絕對不會因為國境消失而不見。

因此，寧可被批評為過度樂觀者的言論，我還是認為，根據這種人類、甚至世界「應有的樣子」為基礎的理念和行動，是未來世界要朝向正確走向時，必要的考量因素。

與外國的交涉，捨常識、講求合理

我提到在人生所有的場面當中，遵循原理與原則去思考與行動的重要。這種做法在與外國人接觸，或與外國企業談判交涉時，應該也非常有效。因為他們多數在處理人生或工作相關的事物時，都具有明確的哲學。雙方有可能把原理、原則攤開來談，甚至展開激烈辯論。

再說，從京瓷還是個名不見經傳的小企業開始，我就經常積極走訪外國企業，遊說他們使用我們公司的產品。由於當時的日本多數是由美國引進技術，我的企圖是，如果能讓美國的製造商也認同、使用我們的產品，這樣產品評價提高，日本國內也一定會採用我們的產品才對。

那時，我根本無法流利地說英語，但還是衝動地跑到美國，直接就跑去對手企業，找他們商談。第一次赴美之前，我還特地跑去訪問住在國民住宅（譯註：由日本住宅公團建造的鋼筋水泥公寓住宅）裡的朋友。我記得，自己是去請他教我使用，當時日本還很罕見的西洋式的馬桶廁所。那是個很少人有出國經驗、匯率一美元兌三百六十日圓的時代。

但是在我滯美的一個月間，不管我拜訪多少家目標企業做銷售，結果都是還沒有進行商談，就連續吃閉門羹。不習慣的土地、不習慣的文化與習慣，我雖然感到很迷惑，還是走到兩腳麻木、滿頭大汗，但得到的卻只是「ＮＯ」的拒絕與徒勞感而已。當時的辛苦與心酸，至今記憶猶新。即使如此，我還是堅持不回頭，不斷交涉的結果，終於漸漸出現成果，跟海外的交易也開始少量地增加了。

過程中，我留意到一個現象。在外國，尤其是美國，人們在判斷事物的時候，經常用「合理」（reasonable）這個辭彙。再者，被用來做為正當、合理與否的衡量標準的，並非社會習慣或常識，而是他們本身具有的原理、原則或價值觀。

也就是說，他們都具備了依據自己的信念確立的哲學，也因此建立了判斷標準。對我來說，這也是非常新鮮與令人感到興奮的體驗。

我們的背景文化似乎有所不同，較明顯的例子就是法律體系。日本的法律是以德國的法律為範本訂定的，基本上是屬於成文法，也就是說以條文為依歸做判斷，缺點是容易受法條綁住。相對的，美國的法律屬於判例法，也就是條文並未訂得很清楚，而是依據不同的案子，當事人對照自己的良知或法則，去判斷是否正確，傾向於這種做法。

在具有這種文化的國家當中，像我這種依據明確原理、原則的思考方法，可能更富適應力、更加有效。總之，我照自己的原理、原則認定正確的事，然後提出主張，如果他們也同意我說，「沒錯，你說的話很合理」，那麼他們就不管前例、或企業規模大小，很快就對我的要求做出決定。因此，我們可以非常快速地進行商談。

隨著全球化的推進，島國日本也得在國際社會中生存下去才行。不只限於工作方面，在日常生活中也需要與外國人交往，有時也會產生「非爭執不可」的場面。在這樣的時候，並沒有必要阿諛或迎合對方。

寧可依照道理，大方主張自己認為正當的想法。因為這樣做，應該能讓原本具有邏輯文化的歐美人士，完全理解並尊重這種想法才對。

判斷的基準，就是經常把手放在胸口，然後自問：「身為人，這樣做是正確的嗎？」理由就在於，超越國境之外，還有普遍的法則。就算多少有點文化上的衝突，在內心最深處，他們應該還是會理解的。

負責管理位於聖地牙哥的京瓷集團北美總部的是美國人，他在京瓷社內的報紙上，發表以下的言論：

「根據國家、民族的不同，文化也有不同。問題是，以生意為前提的哲學，或以生存為前提的基本原則，其實是同樣的東西。例如，在工作上努力做出成果，還是思考著想要為社會做點善事。不論在何種文化和宗教裡，這些都是真理，應該是很普遍的道理才對。」

他替我說出了我想說的話。也就是說，不論是哪個國家，想要做經營管理，就一定要擁有普遍的哲理，以做為判斷的基準。正因為它普遍，才有效果。要達到這樣，就必須根據「對人而言是正確」的倫理觀或道德觀的道理，這樣的道理是沒有國境的。所謂身為人應遵守的原理、原則，就是跨越國境與新舊時代、所有人類都適用的哲理。

第3章

磨練、提高心志

為何日本人失去「優美的心」？

近來，日本失去的美德當中，應該包含「謙虛」吧！那種經常謙卑地把頭低下，把功勞歸給別人，得意的時候控制情緒表現淡然，彼此禮讓、謹慎的精神。

人既然要活下去，偶爾也要強調一下「我」，這種自我主張可以理解。但是，我們現在卻跟著忘記，代表謙虛的「美麗的心」，這對日本社會而言是莫大的損失。日本這個國家愈來愈難居住，可以說主要原因之一，就是這件事了。我認為，應該不只是我這樣想吧。

的確，對平凡人而言，隨時保有謙虛是很難的一件事。我以前也一樣，有時驕傲的心情一起來，頭自然就抬起來了。

在精密陶瓷這個幾乎未被開拓的領域，我讓京瓷開發出許多新技術和產品，公司以驚人的速度成長；同樣的情況，我也讓KDDI達到令人訝異的發展。周遭的人都不斷誇讚、阿諛我，例如，聚會的時候總是勸我坐進上座，也理所當然地要求我演講。

這一來，一方面心中不停地想警戒自己，另一方面則想到，因為我那樣地努力，也創造了實績，被這樣禮遇也是應當的吧！那種傲慢的心，也會在思維的角落裡顯露出來。

非常感謝上蒼，猛然不知從哪裡敲我一下，讓我突然留意到了。不行！不行！這樣下去不行！心中突然開始反省並警戒自己。我有幸身入佛門，但是，到現在還在重複犯這樣的毛病。

試想，我所擁有的能力、我所完成的職責，未必就是屬於我所有的東西。如果是由他人擁有這樣的成果，也沒什麼不可思議或不恰當的地方。還有，至今為止，我所完成的事，別人也都可能代替我去做。

所有的這一切，只是上天偶然賜給我的東西，我只是把它加點工夫磨亮、做了一點努力而已。無論任何人身上的任何才能，都是上天賜的，不，應該說是借給你用的而已。這就是我的想法。

因此，無論多麼優秀的能力，以及由此能力產生出來的成果，雖然名義上屬於我，卻不是我所有。才能、功績不能變成私有或被獨佔，它們應該是為了人類、社會才能運用。也就是說，第一順位就是，我的才能是因公才使用的，接著第二項順位才是為自己而使用。我認為，所謂謙虛的美德，本質就是如此。

但是，最近這種謙虛的精神不斷衰退。同時，把自己的才能看成私人財產的人也增加了。尤其是居上位的人，也就是在成為他人模範的領導人身上，這種傾向更加醒目。在具有傳統與實績的大企業裡，組織的規範或倫理的約束力完全鬆懈，因而發生醜聞事件，對此我們記憶猶新。還有，那些受國民委託從事公共行政工作、薪水來自國民所繳的血汗稅金的政府官員，當中也有人利用自己的特權中飽私囊。

那些大企業的領導、幹部和政府官僚，一個個都是擁有天賦才能的人。既然如此，為何一直無法杜絕醜聞和貪污事件呢？原因只在於，他們把才能看成私人的東西，不認為自己身上的能力是上天借他用的，而是他自己的；因為他們沒有為公利，而是為了私利私慾，去發揮這些才能。

對領導人的要求，道德勝過才能

我已經數度提到，我所構想出的「人生的方程式」是由思考方式、熱誠、才能這三項要素的得分相乘的結果。

那些引發醜聞的人才，都具有比常人更優異的能力，也具有更高的熱誠和使命感，也應該比別人做了更多努力才對。但是，因為最重要的「思考方式」有問題，所以他們無法將難得的能力或熱誠，導往正確的方向去發揮，也因此才會犯下錯誤的行為。這些行為只會危害社會，最後也讓自己走上斷頭台。

在此提到的思考方法就是，人活著的姿態；也就是所謂的哲學、思想或倫理觀念等；也可以說是包含這一切因素的「人格」。謙虛也算是其中一種美德吧。一個人的人格如果歪曲不正，或是傾向邪惡，那麼無論上天賦予他多少能力與熱誠——或者說賦予愈多的情況下——帶來的結果、也就是「負」的數值，就變得愈大。

再者，現代的日本社會，與其批評領導人的個人資質，不如說選擇領導人的方法本身有問題。也就是說，我們一直重複地用才能、能力為標準，在選擇組織的領導人。重視能力甚於人格，甚至重視只用考試結果來表現的學習成績，也用此來安排人才的職務。公務人員當中，考試成績優異的人，就可以擔任政府機構的重要職位，進入菁英培訓流程，可以說是最具代表性的例子。

導致這種結果的背後原因，應該就是第二次世界大戰過後，全面覆蓋日本的「經濟成長至上主義」吧！大家在選擇領導人時，寧可捨棄曖昧難解的人格，轉而重視比較容易採行的能力、成果等要素，這種傾向非常強烈。

例如政治選舉，主張讓地方繁榮的利益誘導型政治家，往往被尊為「我們的老師」因而當選，這樣的風潮至今還是很穩定。我不得不說，把有才無德的人看得比自己高的價值傾向與態度，至今依舊很難去除。

過去的日本人，雖然有點迂迴繞遠路，卻「比較像大人物」一樣地思考。我所敬愛的西鄉隆盛也說過：「德高的人賦予高位，功績多者給予褒獎。」也就是說，有功績者只要回報以金錢即可，但是對具有高風亮節的人，應讓他位居高的職位。雖然這是他在一百多年前說的話，卻一點也不陳腐，即使在今天也是十分通用的普遍思考方法。

尤其在晚近盛傳倫理崩毀、道德淪喪的時刻，我們更應該牢記上述這些話的意義才對。居上位者，比才能更重要的是品德，愈是擁有才華的人，為了不耽溺在自己的才華中，也就是說為了不讓一般人所沒有的力量，用到錯誤的方向，必須去控制自己才行。

這就是品德，也就是人格。用德表現，或許有人會覺得有復古的感覺，但講人格的陶冶，應該古今都通行。

中國明朝的思想家呂新吾於其著書《呻吟語》（譯註：呂新吾名坤、字叔簡，一五三六年～一六一八年，明朝的儒家學者，著書《呻吟語》共六卷十七章、分內外篇，爲修身養性的書）當中，就針對同樣主題明確地說：「深沉厚重的是第一等的資質，豪邁磊落的是第二等，聰明辯才的人則為第三等資質。」

這三種資質依次序可以改說是人格、勇氣與能力。總之，呂新吾強調的是，在上位者，能兼備三要素當然最為理想，如果依重要性排列次序，第一為人格、第二為勇氣、第三才是能力。

經常內在反省，勿忘磨練人格

戰後的日本，採用了許多第三等、聰明辯才型的領導人。具有才華、擅於雄辯、知識豐富、可產生實際利益的實用型人才受到重用；擁有理想人格特質的第一等人才受到輕視，至今還是被擱置不用。

就這樣，不夠格當領導的人物——除了才能之外，缺乏內在的規範與基準、欠缺人類精神應有的深度與厚度的人物——被放在領導的位置。有關近年來發生多次的企業醜聞，或者把範圍放大來看，眼前社會像病態般的道德頹廢，我不得不認為，都是以上述理由衍生出來的現象。

引發醜聞的企業領導人，也會舉行記者發表會。但是從他們的應對可以感覺出，他們相當欠缺身為領導人應有的、人格的重量與厚實度。雖然每個人嘴裡都會說出「不可以做的事」、「會努力防止再犯」的話，但都是照著事先準備好的原稿念，只會讓人感覺像在念教條，完全無法傳達該負責任者應有的真誠與誠實的感覺。

就算感覺到狼狽、想欺騙、想逃避責任，很少人能正面應對事件、承認自己的責任、說明該說明的地方、堅持走正確的路，或是拿出具有影響力的言論或行動。我甚至感覺到，他們不具有堅定的信念或哲學，甚至也不具有能夠分辨事物善、惡、正、邪的指標。

如果說，這樣也能算是所謂社會領導人的作為，那麼現在的小孩不尊敬或不信任大人，也就不足為奇了。

正因為身為眾人之上的領導人，因此才不去要求能力、辯才，而是要求以明確的哲學理念為基礎、所構築出的「沉穩厚實」的人格。要求謙虛的心情與內省的心，要求控制「自我」的克己之心，與重視正義的勇氣，或者是不斷琢磨自己的慈悲心……用一句話形容就是，必須把「就人而言，正確的生存方式」牢記在心才行。

中國的古典書籍裡也有提到，可以說就是遠離「偽」、「私」、「放」、「奢」四大煩惱的生活方式。也就是說，不可以虛偽、有私心、我行我素、存著驕奢的心。必須要求自己過高風亮節的生活，那就是在上位者的義務，也就是貴族的風範。

努力去過「就人而言是正確」的生活，好像小學裡的道德教育——或許有人會嘲笑這種說法。問題是，本來應該是小學生就學會的事，我們這些大人反而不去遵守，才會導致現在的社會，價值觀動搖、人心荒廢，事實不就是這樣嗎？

現在，有多少大人會面對兒童，堂堂正正地告訴他們道德的事？告訴他們不可以這樣做、應該那樣做才對，明白地呈現規範，解說倫理關係。具有這種見識與精神，以及厚實的人格的人，又有多少？想到這裡，連我也禁不住覺得自己很可恥。

正確的生存方式，絕對不會是很難的才對。只要重新思索孩提時代父母教導我們的、極為裡所當然的道德心——如不可說謊、必須正直、不可欺騙別人、不貪心——像這些單純的規範所代表的意思。就眼前而言，更有必要切實遵守這些規則。

磨練心志必需的「六項精進之道」

當然，並非只有領導人才應該要求自己磨練、提高心志。想把心往好的方向提升、不在意能力、要成為有人格者，不只是要成為聰明人、也要以正派為目標，任何人都該當如此。我們也可以稱此為生存的目的或人生的意義。因為，我們的人生，只是用來提升自己的人格的過程而已。

那麼，所謂的提高心志，到底又是怎麼回事呢？我認為，絕對不是達到佛教開悟，或者說最高、最好的境地等困難之事。而應該是，帶著比出生時稍微美麗一點的心，走向此生的終點才對。

也就是說，死的時候，靈魂呈現比出生時雖然不多、但的確存在的進步，心靈也多少呈現被磨練過的狀態。也就是壓制自私的、情緒的自我，讓內心覺得安篤、內在柔和，體貼的心也慢慢發芽。數量雖然少，總算出現利他心也萌芽的狀態。還有，讓我們與生俱有的心，朝這種美麗的心蛻變，這也就是我們生存的目的。

原來如此，對浩瀚長遠的宇宙來說，我們的人生或許只是瞬間消失的一陣閃光而已。也因為如此，即時掌握生與死之間一瞬間的時間，提高自身的價值，這可以說是我們人類生存的意義與目的。進一步，我認為在努力想要達成理想的過程中，就有了人的尊嚴，生命的本質也就出現了。

嘗盡各種痛苦、悲傷、煩惱，一邊奮鬥，當中也體會到生存的喜悅、快樂，並獲得幸福。就在各式各樣的情況中重複來回，拚命地過好只有一次的這一世的人生。

那種體驗與過程就像磨砂膏一般，不斷把我們的心志磨得更高遠，讓我們的靈魂在人生幕落時，比剛開始的時候或多或少高出一點——光是能做到這樣，我們的人生就算活得相當有價值了。

要怎樣磨亮心志、提高靈魂的價值呢？方法、途徑非常多。就像爬山時，面對山頂有三百六十度可走，路徑可以說幾乎無限多。

我根據自己的經驗，認為要磨練心志，以下「六項精進之道」非常重要，我經常向周遭的人推薦這些方法。

①付出不亞於任何人的努力

比別人做更多專注的研究，還有，不可以停止繼續往此方向鑽研。如果有抱怨的時間，就改用來向上努力，哪怕只進步一公分也好。

②謙虛、勿驕傲

中國古籍上有「謙受益」的說法，意思是說謙虛的心可以呼喚幸福，同時也可以淨化自己的靈魂。

③過每天反省的日子

每天都要檢查自己的行為與內心的狀況：是否只顧慮到自己、是否有怯懦的言行表現等。經常致力於自省、自律與改進。

④感謝自己能活著

認為自己能活著就是幸福，無論面對多小的事，都能產生感謝的心。

⑤累積善行與利他的行為

「積善之家必有餘慶。」行善，利他，心中牢記要有體貼的言行。如此累積善行的人，必然得到好的報應。

⑥ 避免情緒性的煩惱

不論何時都在抱怨，陷入無濟於事的憂慮，不停地煩惱事物是不行的。因此，最重要的做法就是，全心全意地投入工作，做到不留餘地、沒有遺憾的程度。

我把以上這些原則稱為「六項精進之道」，經常提醒自己要記得去實踐。雖然變成文字以後顯得很平凡，但是應該牢牢記住這些理所當然的道理，並融入自己的日常生活當中，量少也無妨，堅定地實踐下去。這些並不是高掛起來當裝飾的偉大教義，最重要的還是必須在日常生活中持續實行。

在幼小心靈中，播種感謝思維的「暗中念佛」

現代這個時代，物質豐裕的背後，是心靈的貧瘠與精神上顯著的空虛。其中，在「六項精進之道」曾提及的「感謝的心」，更讓人感到日益稀少。正因為我們處於物質過剩、非常容易得到物質滿足的時代，因此也讓人感覺，已經到了應該重新審視「知足的心」與感謝的心的時候了。

當我還很年輕，社會也還很貧窮的時候，我心中覺得，人活著最重要的，自己也應該努力去做的，就是「誠實」這件事。

面對人生與工作，盡可能誠實以對。也就是認真地、拚命地勞動，絕對不鬆懈地活著。生存在日本還很貧窮的時代的人，這並非很稀有或珍貴的想法，而是與當時的日本人連成一體的特徵，也可以說是日本人的美德。

日本最後終於迎向高成長期，整個社會呈現穩定的富裕狀態；京瓷的經營也步上正軌，規模一路擴大。然而，在我心中佔據最大位置的就是「感謝」這件事。面對因為我誠實地努力工作所獲得的恩惠，心中感謝的想法自然地沸騰起來。就在這種體驗重複出現時，它在我的心中也逐漸成型，感謝變成我生活當中必定要實踐的課目，且就此固定下來了。

回顧自己，這種感謝的心就像源源不斷的地下水脈一樣，形成我的道德觀的基底，在這個基底當中，我幼兒時期的一項體驗，產生了很大的作用。

我的老家在鹿兒島，我還是個四、五歲的小孩時，就曾經被父親帶著去「暗中念佛」。所謂的暗中念佛，是指德川時代（譯註：一六〇三年～一八六七年），在薩摩藩境內淨土真宗（一向宗）被政府鎮壓，信仰堅篤的信眾祕密地守護宗教，因而傳沿下來的習慣。我記得我小的時候，社會上還存在這種習慣。

我們和好幾組的親子，日落之後沿著山路，靠著提燈往上登山。大家保持沉默，沉浸在有點恐懼和神祕的思維當中。年記很小的我，拚命緊跟在父親的身後往前走。

走到山上，看到一間房屋，進屋之後，壁櫥裡立著壯觀的佛壇，佛壇前方有位穿著袈裟的和尚在念經。家中只點著幾隻蠟燭，光線很昏暗，好像要融進黑暗中一般，我們各自席地而坐。

孩子們被安排在和尚後方端正坐著，持續可聽見和尚低聲誦經。誦經結束之後，和尚叫我們依序到佛壇上香並且膜拜，我也照著做了。

那時，和尚會用簡短的話對著孩子們說。例如，對某些孩子說下次再來，但是卻唯獨對我說：「你這樣就夠了（不必再來），到今天的參拜就結束了。」

接著又說：「從今以後每天念『南無、南無、感謝。』感謝佛菩薩。在你活著的時候，這樣做就夠了。」對著父親也說，這個孩子可以不用再來了，宛如給我「畢業證書」。

年紀小小的我，只覺得自己好像考試及格，得到一張證書一樣，有點誇張，還記得那時自己很開心。

那是我的宗教初體驗，也是印象深刻的經驗。那時候和尚教我感謝的重要，我認為是為我的心塑出原型。事實上，直到現在，針對每件事物，我還是經常會不自主地念「南無、南無、感謝」的感謝短句，聲音好像是從耳朵深處發出來的。

當我走訪歐洲的教堂時，常常被那種莊嚴的氣氛感動，未經思考就唱起這句話。這可以說是超越宗教、宗派，和我的血肉變成一體的「祈禱」用語，也變成深植在我內心的「內在的口頭禪」了。

無論何時都預先準備好說「謝謝」

「南無、南無、感謝。」一連孩子也很容易記住的祈禱詞，也是構成我的信仰心念原型的一句話，以及培養我內在感謝心意的關鍵語言。

因為，我想要透過無意間說出的這句話，培養出無論對誰、對任何事物、在好的時候或壞的時候，都持著感謝的心，盡可能地努力，用正確的方式去生活。

福與禍如糾結在一起的繩子——好的際遇與壞的事情總是交錯發生，這就是人生。因此無論碰到好事或壞事，遇到晴天或雨天，都要懷著感謝的意念去過生活。不只是在福氣降臨的時刻，連遭遇災難的時候，也要感謝地說聲謝謝。本來，自己能誕生下來並且活著，對這件事就要抱著感謝的心。我總是在內心告訴自己，能實踐這種想法就是提高心志、開拓命運的第一步。

問題是知易行難，無論遇到晴天或雨天，始終不變、不忘記感謝的心念，這對人類而言，是非常難的志業。例如遇到災難的時候，就算告訴當事人，這也是修行、也要感謝，但是當事人實在很難培養出這種心情。寧可說，抱怨為何偏偏只有自己遭逢此困難、懷著忿恨的想法，這才是所謂的人性吧！

既然如此，那麼在事物進行順遂、被幸運籠罩的時刻，不去提醒，人會不會自然產生感謝的念頭呢？答案也是否定的。好的時候就是好，這也是理所當然的事，甚至有人反而會貪心地想要「更多」、「更多」。不經意就忘掉感謝的心，因而讓自己遠離了幸福。

因此，必須做的是，理性地輸入「不論發生任何事都心存感謝」這項訊息到自己的腦中。就算心中的感激之情無法達到沸騰，無論如何都要求自己，必須擁有感謝的思維。也就是說，隨時準備好可以說出「謝謝」的心情，這件事情非常重要。

遇到困難時，把它當成給予自己成長的機會而感激；承蒙幸運時，更應該會想要感謝，不吝嗇地表達謝意。至少要能夠想到這些，把自己變成裝滿感謝的托盤，隨時保持意識，把感謝的心情準備好。

接著，或許也可以進一步這樣考慮：原來感謝的心情是因為滿足而產生的，如果感到不足、不滿就無法生出感謝的心。問題是這種不足、不滿又是什麼狀況呢？單純地說就是，得到多就感到滿足，得到少就感覺不足。

物質方面大概就是這樣。問題是得到同樣的東西時，有人感到滿足，同時也有人感到不滿足。有人對很少的東西就「知足」（知道滿足），也有人得到再多而不覺得足夠。世界上既有不停抱怨不平、不滿的人，也有無論何時都感到心滿意足的人。

因此，說穿了都是心（思考）的問題。就物質方面而言，無論處於何種條件都能抱持感謝的心，這樣的人也就能夠體會到滿足的感覺。

高興時就高興，質樸的心最重要

如果說感謝的心是呼喚幸福的聖水，或許誠實的心就是讓進步誕生的父母親。即便刺耳的話，也要用坦然的心情去傾聽，應該改的就立刻做，不可推托到明天。這種純樸的心會讓我們的能力成長，也會促使心志向上提升。

主張這種「誠實的心」很重要的人物，就是松下幸之助先生。松下先生認為自己沒有學問，因此一生當中一直向他人求教，來讓自己成長，從未改變這種態度。即使到了被稱為「經營之神」、被視為神之後，也不曾忘掉要把這種「終生是學徒的心情」貫徹到底。因此我認為，松下先生真的有偉大的地方。

當然，他所說的誠實，並非人家叫你往右你就往右，那種順從的品行。誠實的心是指承認自己的能耐，然後拚命努力工作的謙虛姿勢。有一對大耳朵聽從他人的意見，有一雙真誠的眼睛反觀自身。配備這樣的器官，並且不斷讓它們發揮功能。

當我還是菜鳥研究者的時候，就拚命努力做實驗，想像中的結果出現時，我經常會跳起來喊出：「成功啦！」用全身的動作，表現我當時的喜悅。但是我的助手卻用冷漠的眼神看著喜悅的我。

那時候，我不但自己高興地跳起來，還催促我的助手說「你也要高興啊」。他卻用一點也不覺得好玩的臉色盯著我，然後不屑地吐出一句話：

「你這個人很輕浮吧？」

接著又說：「你總是為一些瑣碎的事，大叫成功啦、成功啦。男人高興地飛躍起來，一生當中也只有一、兩次，有時有、有時甚至沒有。像這樣動不動就輕率地顯露出高興的心情，只會在人前顯露自己的低賤而已。」

聽到這席話，一瞬間我的感覺像被澆了冷水。但是我吸了一口氣調整一下心情，對他說出以下的話：

「你的話我能理解，但是當工作有了成果，就算是很小的成績，我認為還是可以單純地感到喜悅。就算有點輕浮，卻可以誠實地表示感激的心情。這種心情，也是我繼續從事樸實的研究與工作的能量。」

雖然，聽起來有一半像是絕望的台詞，但是我認為，這句話也很明快地反映出我的生活方向和哲學。

也就是說，無論針對多細微的事，我都抱持歡喜的心、感謝的心情，不去講道理，而是誠實地接納。我出乎意料地對我的助手，解釋這件事情的重要。

所謂的誠實，就是由樸實的心產生的實踐行為，也就是不可以忘記每天反省自我、磨練自己的心。

無論多麼努力想變得謙虛，還是有人會在無意之間，做出自己似乎什麼都知道的舉止，表現出好像很偉大的樣子。

驕傲、瞧不起、怠慢、思維膚淺、言行過度，當我們留意到自己有這些錯誤的言行時，最重要的是，要擁有可以反省的機會，以便修正自己的戒律、規範。愈是不厭其煩、能夠每天反省的人，愈能夠提升自己的心志。

「神啊！對不起！」我也曾經實際發出聲音，口裡說出反省的話。如果當天有驕傲或譁眾取寵的行為出現，回到家中或飯店的客房時，我就先以「神啊！請原諒我剛才的態度，對不起、請原諒！」來自我反省，警惕自己下次絕對不可再犯錯。

因為我像小孩子一樣大聲說出來，被別人聽到了可能讓人以為我精神有問題，因此我會等到只剩下我一個人時，用誠實的心情說出反省自律的話。

然後在心中牢記著，第二天又恢復謙虛的姿態，把自己視為「一輩子的學生」，重新修正自己。

「神啊！對不起！」、「南無、南無、感謝。」這兩句話變成一對，也可以說已變成我的口頭禪了。也就是說，我用兩句短話代表我反省與感謝的心，就以這兩句做為簡單、明快的方針，用來自律。

佛教形容人類欲望之深，連托爾斯泰也感嘆

維持感謝的心、誠實反省的心，還有遠離過剩的欲望，也是提升人類心志的必要行為。貪心欲望這種念頭很麻煩，根深蒂固棲息在人心深處、不易拔除。可以說是把人綁住，要讓我們誤入人生歧途的「毒」。

釋迦牟尼佛針對容易沉溺在這種欲望的人的實相，曾經用以下的故事來說明。雖然有點長，就讓我試著介紹給各位吧！

——深秋的某一天。在枯木寒風吹襲下，一個旅人疾走在返家的途中。他突然發現身邊有許多白色的東西。仔細一看，竟然都是人骨。為何路上會有人骨呢？好像有噁心的味道？他一邊覺得不可思議，一邊繼續往前走，結

果，前方有一頭大老虎正在大吼著，並逼近自己。

旅人嚇壞了，原來如此，他想到這些白骨，都是和他一樣的可憐旅人，都被老虎吃掉了。他回頭就拚命往剛才走過來的路逃跑，但是他迷路了，跑到一處斷崖旁邊。崖下是怒濤洶湧的大海，後面是老虎。進退無路的旅人，攀住崖邊唯一一棵松樹的枝幹往前爬。問題是，老虎也張起大爪，開始爬上松樹。

他正在想，這次真的完了，結果看到眼前的樹幹上垂掛著一條蔓藤，於是趕緊抓緊樹藤往下滑落。問題是，垂到一半藤就沒了，旅人只好呈現垂吊在半空中的狀態。

上方有舔著口水看著他的老虎，往下看，怒濤洶湧的海面上還有紅、黑、藍（譯註：原文爲「青い色」，實際應爲藍綠色）三條龍，正張著大口，等著正要掉下來的人類。

接著頭頂上方傳來喀、喀、喀的聲音，抬頭睜眼望去，蔓藤的根部被黑與白兩隻老鼠交相啃咬著。

再下去，蔓藤就要被老鼠咬斷了。旅人看到張開大嘴的龍的眼睛，萬一藤斷了，自己只有落入龍口了。在形同四面埋伏的情況中，旅人心想，總得先趕走老鼠，於是試著搖動藤蔓。搖了之後，好像有黏黏的東西從臉頰上滑下來，舔一舔，是甜的蜂蜜。原來蔓藤的底部有蜂巢，當他搖動蔓藤時，蜂蜜就掉落下來。

旅人又落入像甘露般的甜蜜味道的陷阱裡了，因此忘記自己現在正處於隨時可能沒命的狀況——夾在老虎與龍的威脅中，唯一一根賴以活命的救命繩索正在被老鼠咬——已經在此情境下，他還一再搖動救命的蔓藤，歡天喜地重複品嘗甘甜的蜂蜜。

釋迦牟尼佛用此故事解說，這就是被欲望控制住的人類的實態。他要說的就是：已經處於最緊迫的危機狀況了，還無法不舔一下甘甜的蜜汁，這就是我們人類無法克服的人性。

當俄羅斯的大文豪托爾斯泰聽到這個故事，非常驚訝與感動地說：「沒有比這個更能夠描繪人類欲望之深的故事了。」的確，一般認為，就人類的生存形貌，或者說明人類身上擁有的欲望之深的前提下，好像找不到比這則更好的故事了。

話說老虎可以代表死亡或生病，松樹代表在這個世界的地位、財產、或名譽，白黑老鼠代表日與夜，也就是所經過的時間。未曾停歇地受到死亡的恐怖威脅，就算被追擊，人還是很想存活。問題是，眼前只有一根藤蔓可以倚靠。

這根蔓藤也會因為時間，慢慢磨損，就像我們每年增歲，不停地朝向想要擺脫的死亡靠近。就算自己的陽壽、生命會不斷縮短，還是想要得到

「蜜」。那種淺淺的欲望，像是斬不斷的緣分般的存在。這就是釋迦牟尼佛所傳達給我們的、人類無法偽裝的實際樣相。

如何才能斷絕迷惑人心的「三毒」？

蜜就是能夠滿足人類欲望的種種快樂的事物。還有那些等著人掉下去的龍，就是人心製造出來的東西，例如人類所持有的、醜陋的想法、欲望的實際投影。

也就是說，紅色的龍代表「瞋怒」、黑色的龍代表「欲望」、藍色的龍代表包括忌妒、猜忌、憎恨的「愚痴」，這三者佛教稱為「三毒」。三條龍意味三毒，依照釋迦牟尼佛的說法，這些都是「毀壞人生」的重要因素。

欲望（貪）、愚痴、瞋怒這三毒是在一百八十種煩惱當中，特別令人痛苦的元兇，可說是想逃離卻無法脫身，人類的心最容易被套住而無法脫離的

「毒素」。

的確，所謂的人類，就是始終被這三毒纏住並過著日子的生物。想比別人過更好的生活，想早日在社會上出頭。像這樣內在潛藏著一層物欲、名利心，如果欲望沒有實現，就會想到為何無法變成自己想要的樣子而感到憤怒，再將這種憤怒回頭射向得到的人，忌妒對方。大多數人整天都被這種欲望控制，不斷反覆做出同樣的事。

這樣的情況在兒童或嬰幼兒身上，也沒有很大的不同。例如，我的孫子們也一樣。如果你疼愛一個，另外一個就立刻表現出忌妒的舉動。才兩、三歲的小孩，就已經像大人一樣中毒了。

不論欲望或煩惱，當然也是人類生存所需的能量，所以也不能一味地否定它們。問題是，他們同時也帶給人類無窮的痛苦，有些可能是毀掉整個人生的劇毒。

試著想想，人類應該可以說是屬於因果理論的生命。因為，維持生存時不可或缺的能量，卻也是帶給人類不幸、甚至滅亡的毒素。

最重要的事就是盡可能「遠離欲望」。即使無法完全消除三毒，至少可以努力自我控制、壓抑自己的欲望。要做到這樣並沒有捷徑，只有從平時開始，不斷踏實地重複努力，做到前面所提的，用誠實、感謝或反省去執行的「平易的勤行」。還有一件事也很重要，就是平常就應該要求自己養成以理性判斷事物的習慣。

例如，我們每天都會因為種種事物，被迫做出判斷。那時候如果必須在瞬間做判斷，大概都會依照本能（也就是欲望）想出答案。因此，在等待對方回答之前，無妨先保留最初的判斷，心中告訴自己等一等、讓自己深呼吸一下，然後自問：

「我的想法，是由我的欲望所驅動的嗎？是否混雜我的私心呢？」

這樣的自問非常重要。這樣做，在結論出現之前，就可以放進一個理性的阻隔物（譯註：原文爲日式英語「one-cushion」，避免直接做出結論），確定這不是基於欲望所下的判斷，這樣就能夠讓判斷更接近理性。我認為若要遠離欲望，至少得在自己的腦中設置一條像這樣的理性思考路徑。

控制欲望、私心的行為，會讓心更接近利他心。我認為，能夠將他人的利益優先擺在自己之前，這也是人類具有的所有美德中，最特別、最美好的品德了。

先放下自己去利益對方，把自己的事放在後頭，先為世界、為人類盡心力。當這種利他心誕生出來時，人就可以不為欲望誘惑而存活。還有，透過利他心，煩惱的毒就開始消失，曾經被污泥封住的「美麗的心」就會再度顯露出來，又可以開始描繪美麗的夢想了。

抽「正劍」奔向成功，拔「邪劍」自掘墳墓

有關利他心，我將在下一章節詳細討論。我認為，人類基於為世界、為人類的美麗的心而產生的構想、願望，一定能夠有所成就。這是最高尚的想法，一定會帶來最美好的結果。

相反的，基於私利私慾所產生的「混濁的願望」，就算實現了，也僅能維持一時的成功就結束了。套用日本華歌爾公司（Wacoal Corp）創辦人塚本幸一（譯註：一九二〇年～一九九八年，日本的實業家，一九四四年曾經參加日軍在緬甸對英屬印度發動的英帕爾戰役，日軍慘敗，所幸生還）的話形容，原因就在這是「拔出邪劍」的行為。

我與塚本先生都是京都的企業人士，兩人一直親切交往。他是第二次世界大戰時，參加英帕爾戰役的生還者。在太平洋戰爭後期，日本軍隊在緬甸發動奪取英帕爾的無謀且悲慘的侵略戰爭，造成許多人的犧牲。塚本先生在該次戰役中保住性命，飽嘗被祖國拋棄在殖民地的體驗。他所屬的小隊共計五十五人，當中生存者卻只有三人，塚本先生是其中之一。

之後，在戰後的混亂當中，他開始經商做飾品買賣，然後創立華歌爾公司。自九死一生的經歷當中，他聲稱「有神明跟著我」。因為有神相隨，在事業上無論想做什麼，全部都能順利完成。

有一回，我對曾經擔任塚本先生助手、獲得深度信賴的副總經理，提到塚本先生說過的這段話。他回答我說，的確如總經理說的，不過他好像也說了，唯有當你拔出「邪劍」的時候例外。

總經理擁有兩把劍，分別是正義之劍與邪惡之劍。如果他拔出的是「正劍」，的確每件事都會成功。但是，如果他拔出的是「邪劍」，結果就是每件事都無法順利完成。

這就是總經理說有神明跟著他的證據。因為，拔出正劍時，神會加持，但是如果拔出的是邪劍，神就把頭轉開不理他。

「這句話從副總經理口中說出，他可真是會觀察啊！」

我也認為，塚本總經理對副總經理的話也深受感動。

所謂的邪劍就是「混濁的願望」。也就是只考慮自己的利益得失、混雜著私慾私心的思考。這樣的想法，或許在強烈期待之下，會得到一時的成就，但是絕對不會持續長久。

相反的，如果我們對任何事持著堅定、非得如此的意願，拚命努力工作，加上那個願望又是遠離私利私心的美麗夢想，那就一定會實現，而且永續存在。

即使做出不惜一死的努力，有時實在很難讓願望實現，有人因此陷入困惑、煩惱當中。但是，即使到這種地步，有些你從未想像過的解決問題、成就工作的啟示、思維，也會隨著想不到的智慧，突然像天啟一樣地出現。我有時感覺到，宛如宇宙造物主在我的背後推了一把的緣故。

天網恢恢，疏而不漏。神明雖然好像沒在關注，但其實對人類的所作所為、甚至思想的是非對錯，是一直仔細在看著的。因此，如果想要得到成功、或者讓成功持續下去，你所描繪的願望和祭出的熱情，就必須是乾淨、美麗的才行。

因此，首先要去除私心，用乾淨的心思考。擁有如此思考之後，再拔出正劍，就會成就所期待的事物，人生也會變得更豐富。

勞動的喜悅，是在世時無上的喜悅

到目前為止，我提到了若要提升心志、提高人格應該記取的重點。然而，要讓事物成功、充實人生，絕對必要與不可或缺的條件還有「勤奮」。也就是說，要能夠拚命、努力地工作。透過這種勤奮努力，人類就能夠不斷獲得精神上的富裕，與人格的深度。

我認為，能夠讓人類打從內心得到喜悅的對象，應該就在工作之中。當我這樣說，一定會有人提出反對。因為，只專注在工作上多沒意思，人生當中還是必須存在興趣與娛樂。

問題是趣味與遊戲的喜悅，也只有在工作充實之後，才能體會得到。疏忽工作、只想從趣味與遊樂的世界找到快樂，或許可以得到短暫的開心，但是絕對得不到那種從內心湧出的喜悅滋味才對。

當然，所謂工作帶來的喜悅，並不像糖果入口就有甜味一般單純，就像「勞動是苦的根與甜的果實同時並存」的格言所形容的，那是從痛苦與無奈當中滲透出來的東西。工作的快樂是超越痛苦時，隱藏在內的東西。

正因為如此，由勞動得到的喜悅才顯得特別，也是遊戲或趣味的東西絕對無法取代的。認真、拚命地埋首在工作裡，超越無奈、痛苦的感覺，總算完成一點東西時的成就感，我想，世界上已經找不到任何可替代這種喜悅的東西了。

由人類的生活當中能帶來最高喜悅的工作，或是說在人生當中佔最大比重的工作中，若無法得到充實的感覺，那麼我們即使由其他事物上得到快樂，最後還是會感覺到心中殘留著不滿足的感覺才對。

再說，從拚命埋頭工作當中得到的果實，不光只是達成目的的成就感，對我們想打造身為人類的精神基礎、磨練人格的修行，也會帶來助益。

佛教禪宗的寺廟，有雲水僧（譯註：禪宗的修行僧稱爲雲水），必須從準備伙食到掃除庭院，努力做好道場內日常的所有工作。他們的職位和每天打坐的禪僧一樣高。也就是說，拚命準備日常生活所需的勞動，與用禪定求取精神專注之間，本質上被認定是沒有差別的。日常的勞動也是修行，這點教導給我們的道理是，拚命去處理工作本身，就跟開悟相連結。

開悟就是心志提升。不斷磨練心志，最後達到最高的層級，就是開悟的境界。釋迦牟尼佛曾經提到開悟的方法，就是「六波羅蜜」。

把佛說的「六波羅蜜」銘記在心

所謂的「六波羅蜜」，是佛教的道理中，想要接近開悟的境地，就必須遵行的菩薩道。也就是提升心志和靈魂時，不可或缺的修行方法。總計有以下六項：

①布施

就是具有為世界、為人類盡力的利他心。強調人類要放下自己，優先為他人謀取利益。經常意識到體貼他人的心也很重要。

根據一般的說法，布施就是指施予（喜捨）的意思。原來是指即使犧牲自己，也要對廣大的人群盡心力。還有，就算做不到這樣，也要具有這種體貼的心念。

就像這樣，透過具有滿滿的體貼他人的心，人類就可以不斷提升自己的心志。

②持戒

戒除就人類而言不應當有的惡劣行為，強調遵守戒律的重要。就像我已經提過的，人類是具有各式各樣煩惱的生命。例如，貪、瞋、痴這三毒，就實在很難脫離。就因為這樣，才必須控制自己的言行，以便壓抑住那樣的煩惱。欲望、貪心、懷疑、忌妒、懷恨……只要能抑制上述煩惱、欲望，就算是持戒。

③精進

遇到任何問題，都拚命努力去處理。也就是指努力這件事。根據我的想法，這項努力必須是「不亞於任何人」的努力才行。讀過序章介紹的二宮尊德的例子就會理解，像他那樣地拚命精進，就能夠提升心志、鍛鍊人格。古今中外偉大人物的人生就是最實際的故事。

⑤忍辱

不向苦難低頭的忍耐功夫。人類的生存充滿驚濤駭浪，我們存活在世間時會遭逢各種苦難。但是，我們不會被這些苦難壓垮，也不會從苦難中逃離，而是能忍就忍，不斷努力。這樣就能鍛鍊我們的心、磨練我們的人格。

⑤禪定

在騷亂、忙碌的社會中，我們總是被時間追趕，根本沒有時間深沉思考問題，日子往往過得非常匆忙。正因為如此，更必須做到每天一次，讓心情平靜下來。靜靜地反觀自己，集中精神，把迷亂不定的心固定在一個點上。

⑥智慧

透過上述布施、持戒、精進、忍辱、禪定等五種方法努力修養，就可以獲得宇宙的「智慧」，也就是達到開悟的境界。此時我們就更接近天地、自然的基本原理、治理宇宙的真理，或者釋迦牟尼佛所說的智慧。

透過每天的勞動，磨練心志

以上六波羅蜜代表的六種修養，據說是可以讓人開悟的修行之道。我在日常生活中最容易實踐，也是我用來提高心志的方法當中，最基本且最重要的，就是「精進」——也就是不停努力、拚命地工作。

換句話說，當我們想要提升自己的人格，事實上並不需要很困難的修行。只要把生活當中自己應該分擔的職責，或者說自己應該有的作為——或許是公司的工作、或家事、學習——嚴謹地、不倦怠、不鬆弛、持續地做下去。這些行為本身就是磨練人格的修行。

也就是說，在我們每天的工作中，就存在著方法，可以磨練心志、提升自我，達到就算量少，還是可以更靠近開悟的地步。

就像從事神社寺廟建築、修補的木匠（譯註：日文為「宮大工」）一樣，把自己的一生固定在一種職業、一種領域上面，在這裡踏實地勞動、長期重複一樣的生活，然後因為自己的技術力量，成為經歷過磨練的人物。這樣的人會吸引我。吸引我的地方當然包括他卓越的技能，也包括他透過工作體驗學習到的，不動搖的哲學、深厚的人格，與優異的洞察力等。因為，這些特質與我內心深處能夠相呼應。

從年輕時期到七、八十歲的高齡，在同一條道路上，不改其志地努力鍛鍊自己，對這些人的重要度和存在感，無需言語形容，也滲出濃鬱的顏色。例如：

「樹木裡住著生命。」

「樹木對我說話。」

這種迴響深遠的語言，在一片寂靜中，突然從他的口裡吐了出來。對我而言，這樣的木匠所做出來的梁柱的形貌，比任何偉大的哲學家、宗教家的教諭，更加崇高。

透過不惜努力、重複辛苦的工作，同時專心一意地求道的精進，我相信，能夠感覺到這些人的心志與人格所達到的深度、獨特韻味的，應該不只是我一個人吧！

由此來看，我們也必須重新思考「勞動」這種作為的可敬度才對。因為，我們愈來愈能夠實際感受到「開悟就在每天的勞動當中」的真義了。

不只是在專業工匠的世界，體育的世界也一樣。大聯盟的一朗（譯註：指鈴木一朗／Ichiro Suzuki，日本愛知縣人，一九七三年生，美國職棒大聯盟的選手）就是因為不斷精進，最後達到名人、達人的高度境界的人。據說，他是在小學生的時候夢到大聯盟，從此就一天也不曾休息，不斷重複練習揮棒。

他在正想玩樂的年紀，已經確切定好自己的目標，並且朝著目標持續累積鑽研。「要我打安打，隨時可以打出去，」他在高中時就這樣說。當然敢說出這句話，一定有他精進的實績墊底。因此，我不認為他是傲慢的表現。再說，精進的結果也造就出現在的一朗選手。

未經歷樸實的精進，就達到名人境界的人，並不存在。我們打從心裡喜愛自己的工作，付出比誰都多的努力，全付精神專注在處理工作。我們透過這樣——只透過這樣的作為——學到生存的意義與價值，然後才能磨練心志、鍛鍊人格、體驗並學習到人生的真理。

勞動的意義是找回勤奮的驕傲

在本章一開始，我就說到謙虛是一種美德。接著要提到的是勤奮所帶來的美德，我認為這也是我們應該重新修正思考、必須找回來的精神才對。

晚近、特別是第二次世界大戰之後，我懷疑工作（勞動）的意義或價值，已經過度被視為「唯物主義」。主要是因為工作最大的目的就是獲得豐裕的物質，我們也因此養成習慣，把工作看成用自己的時間換取酬勞的手段。

由此來看，勞動是為了賺錢，且當然是辛苦的工作。因此也產生工作愈輕鬆、薪水愈多的工作才「合理」的思考方式。這樣的勞動觀念，廣泛地瀰漫住整個日本社會，例如，學校也被這種觀念滲透。

但問題在於，教育者對兒童長期的人格成長有很深的影響，必須擔任指導與支援孩子的角色。也因此，所謂的教職，是超乎單純的勞動領域的。教師是一種必須用全部的人格去面對孩子的尊貴職業，應該可以稱作「聖職」才對。

但是到了最近，老師們自己卻丟掉這種驕傲，稱自己只是一名勞動者，把部分時間賣給學生，傳授知識與改作業，以此獲取報酬。老師們自己降低自己的地位，因此，也逐漸失去身為教育者的驕傲，與真摯的熱誠。我不得不認定，這也是造成現今學校體制崩毀、教育荒廢的原因。

即便如此，一直到日本經濟高度成長期為止，我們那種不厭倦勞動的勤奮精神，還是被保留著。問題是，歐美國家一開始批判說，日本人工作過度了，應該多出去玩，日本官、民雙方就開始恐慌，趕緊熱心推動統稱的「時短」、也就是縮短工時、增加休閒時間等活動。

經過一段「熱衷工作就是罪惡」的風潮通行無阻的時代，現在勤奮的價值，已經被貶到很低的地位了。我無意否定把休閒時間視為精神生活之母的歐美型勞動風格，問題在於，毫未思考就接受，只會造成輕視勞動價值的作風，我認為這是非常大的錯誤。

同時，我也認為，把勞動當成得到生活物質、糧食的手段，也是一種錯誤的思想。就像先前提到的，工作當中包含磨練心志、鍛鍊人格的精神上的意義。在最早的日本、或者說東洋社會裡，這種勞動所具有的精神——也就是勞動是為了讓人精進、長大成人的場合——這種觀點就是堅定不變的存在。

戰後，統治日本的聯合國軍隊最高司令麥克阿瑟將軍，在遠東政策的國會諮詢上，曾經提過日本人的勞動觀。內容包括日本擁有的勞動力，無論量或質都比任何國家優秀。不僅如此，日本的勞動者，好像也從工作中找到了

「工作時遠比玩樂讓人感到幸福」的感覺，就是所謂的「勞動的尊嚴」。

過去我們日本人曾經那樣地發現勞動的深層意義與價值。大家都知道，透過勤奮努力的驕傲感或生活目標，心就可以產生富裕的感覺，甚至可以因此感受到人生的意義。

比起遊玩，工作時更能夠感覺到喜悅的精神；就算是單純的勞動，也要發揮創意功夫，以便享受工作樂趣的技巧；並非只是被他人強迫、「被命令工作」，而是自己成為想要勞動的主角的「勞動」智慧——我們以前真的擁有這些東西。

過去曾經擁有、現在卻幾乎完全失去，我們難道不需要重新思考日本這種勞動觀，其真正的用意嗎？

人是透過工作不斷成長的生命。人會為了提升心志、豐富心靈而全力投入工作。透過這種做法，就可以讓自己的人生更上層樓，變得更加美好。

第 4 章

用利他的心生活

托缽之行，遇到人心的溫暖

一九九七年九月，我在京都的圓福寺剃度（譯註：日文為「得度」，這裡是指皈依佛門，不是真正的出家），獲贈法號「大和」。本來預定在更早的六月剃度，但是行前去醫院健康檢查，結果發現得了胃癌，於是立即接受手術。手術之後兩個月，當時身體雖然還沒有完全恢復，但是就在九月七日，我身在凡塵，但同時也成為佛門的一分子。

剃度之後大約兩個月，也就是十一月，雖然時間很短暫，我還是進入寺裡過修行的生活。或許受到還在病中的影響，我感覺那次修行相當嚴厲，也因此我才能體驗到令我此生難忘的體驗。

那時是初冬乍寒時刻，剃度後的光頭戴著斗笠，身穿藍布棉質衣服，腳上只穿著草鞋，然後挨家挨戶，站在門口誦經，懇請布施。這也是對我而言並非習慣的托缽，因此覺得很辛苦。腳趾頭從草鞋露出，被瀝青磨得皮破血流。我默默忍受這種痛苦，走了半天，身體就像用過的舊抹布一樣，累到不行。

即使如此，我還是隨著前輩僧人，從事好幾個小時的托缽。到了黃昏才拖著疲累的身子與沉重的步伐，走回寺廟。途中正要穿過一座公園時，有位穿著工作服、正在清掃公園的婦人。當她注意到我們一行人，她一隻手還拿有掃帚，小步跑向我，看起來好像理所當然的行為一般，很快地拿出一個五百日圓硬幣，往我的布袋裡放進去。

就在那剎那間，我全身被前所未有的感動給貫穿，充滿無法用言語形容的幸福感覺。

因為，那位女性看起來絕非過著富裕生活的人，但是她看到一個修行僧，卻施捨五百日圓，看不出有任何遲疑，而且也沒有一點點驕傲的感覺。這種美麗的心，可以說我直到那時、在以往的六十五年之間從未碰到過，是非常新奇也非常單純的東西。透過那位女性自然且慈悲的行為，我的確實際感覺到自己承受到神佛所給的愛。

自己的事，放在一旁，首先體貼他人，彰顯溫暖的心。雖然那位婦人的行為只是很小的事，但是我認為這樣的舉止，正好顯示出人類善良的思想與行為。這種自然的品德，教我認識到「利他心」的真髓。

「利他」的心，就是佛教所言「善待他人」的慈悲心。用更簡單的表現，就是「為世界、為人類盡心力」。我認為，這也是在步向人生的前提下，還有像我這樣身為企業人、必須持續經營企業的前提下，不可或缺的關鍵的一句箴言。

提到利他，好像是很偉大的東西，事實上一點也不是。例如給孩子們喜歡吃的東西，想看看妻子開心的臉色，想做點什麼讓辛苦的父母感覺開心，像這樣體貼周遭的小小心意，就已經是利他的行為了。

為了養家而工作、幫助朋友、孝順父母……這些是樸實的、瑣細的利他行為，最後會進展成為社會、為國家、為世界等接續的、大規模的利他之行。意思就是說，給我五百日圓硬幣的婦人，與德蕾莎修女（譯註：Mother. Teresa，一九一〇年～一九九七年，著名天主教慈善工作家，一九七九年獲得諾貝爾和平獎，她主要爲印度加爾各答窮人服務）之間，在本質上並沒有差別。

人類本來就具備想為世界、為人類做點事的善良心情。最近，當我聽到年輕人帶著自己做的便當，到受災地區擔任義工的傳聞，不禁強烈地感覺到所謂的利他，是人類根據自然的心做出的行為。

當人心充滿更深、更清靜的最高幸福時，絕對不會是充滿我執（ego），而是充滿利他心的時候。還有，聰明的人都會留意到，像這樣為了利他而竭盡心力的人，不僅能讓他人得到利益，因果繞到最後，自己也會受惠得利。

一種心態，讓地獄變成天堂

這是大約四十年前、相當古老的故事了。那時京瓷還是個中小企業，我在一次迎新會裡，對著大學畢業、剛進公司的新員工，說過這樣的話。

「各位，到目前為止，你們受到父母以及社會上各式各樣的人照顧，從現在開始變成社會人士，所以輪到你們開始對社會報恩了。當了社會人士之後，還具有想要讓人替自己服務的心情是不行的，要把『人人為我做』改成『我為別人做』，一百八十度改變立場才行。」

我會這樣說的關鍵理由是，當時的京瓷還是很小、福利並不齊全的公司，因此，剛進來的大學畢業新員工，就開始對我抱怨：「我以為這個公司會更好一些，沒想到福利也不夠好，薪資也不高。」

面對這些抱怨，我也斥責他們：「沒錯，京瓷現在還很小，也欠缺完整的設備和制度。但是，能夠讓這家企業變成壯觀、有完善福利的大公司的人，就是你們。沒有你們從今以後的努力工作，公司也做不到。不是等著別人為我做，而是要自己去創造才對。」

我只是想告訴他們，總是站在「別人替我做」的立場的人，眼睛也只會留意不滿足的地方，因此嘴裡盡是不平和不滿。問題是，成了社會人士之後，就必須站在「奉獻」的立場，對周遭有所貢獻才行。因此也必須完全改正自己的人生觀與世界觀。

當時我還不認識「利他」這個辭彙，還無法確立利他的思想和哲學。但是我那時也想到，至少為他人做些什麼事的心念很重要，並且對年輕員工訴說我的想法。

把對他人好的事，擺在自己的前面去思考。有時候犧牲自己，也要為他人盡心力。關於這種體貼心的重要，在我剃度時照顧我的圓福寺的師父，曾經用以下的故事為我開示。

——有一個寺廟裡的年輕和尚問他的師父：「聽說在另一個世界裡有地獄和極樂（天堂）之分，地獄到底是什麼樣的地方呢？」結果師父就這樣回答他：

「在另一個世界確實有地獄，也有天堂。問題是，兩者並非像人們想像中一般的不同，從外表上看起來，兩者幾乎是一模一樣的地方。只有一個地方不一樣，就是兩邊的人的心不一樣。」

師父要說的故事是，地獄與天堂都有很大的鍋，鍋裡也煮著同樣美味的麵食料理。但是，要吃到麵都很辛苦，因為只有長度達一公尺的筷子可以使用。

住在地獄裡的人，大家都想先吃到麵，爭著用筷子往鍋裡撈麵，但是筷子實在太長，無法往自己的口裡送。最後就互相搶奪所撈到的麵，大家爭吵打架，麵條四處飛散，卻沒有任何一個人有辦法吃到麵。美味的麵條當前，大家卻繼續挨餓、變得衰弱。據說這就是地獄的模樣。

天堂這邊，雖然條件相同，但是演變出的結局卻完全不同。不管是誰，如果用自己的筷子夾到麵條，就送到鍋子對面的人面前「請您先用吧」，讓對方先吃。接著先吃麵的人也會說「謝謝，接下來輪到您吃」，然後挑起麵條送給對方。因此天堂的人都可以很溫和地吃著麵，心中也可以感到滿足。

即使住在同一個世界裡，是否有溫暖體貼的心，也會造成天堂與地獄。

我自己也多次對著員工強調這種「利他心」的必要。為了讓好的經營持續下去，內心深處一定要擁有「為世界、為人類」這種體貼的心情才行——到目前為止，我一而再、再而三地對我的員工強調這項重點。

商業的原點就在「利益他人」

在弱肉強食的商業界，因為我口裡頻繁地說出要利他、要愛別人、要體貼等，於是就有人質疑我，老是講那些吉祥話，背後可能隱藏著什麼目的吧？問題是，我並非巧言令色、也沒有任何企圖。我只是直言傳達我所相信的道理，自己也真心想要實踐這些話而已。

回顧早期的歷史就可以理解，即使實行資本主義的基督教社會當中，也誕生了教導嚴格的倫理教育的新教（譯註：新教是十六世紀宗教改革後，脫離天主教系統的基督教，所成立的基督教新宗派之一）。

資本主義的早期推手馬克斯·韋伯（譯註：Max Weber，一八六四年～

一九二〇年，德國政治經濟學家與社會學家，也是現代社會學與公共行政學的創始人之一）就是虔誠的新教徒。根據他的教諭，新教徒必須嚴守愛鄰居的倫理規範，也要尊重勞動的行為，同時要將從事產業活動得到的利益，活用在社會的發展上，將上述的規範當成座右銘。

因此，從事商業活動的時候，一定得用每個人都認定正當的手法，去追求利益才行。還有，最終的目的還是要對社會有利益。

也就是說，為世界、為人類的利他精神——謀求公益甚於私利——可以說是在早期資本主義社會所通行的倫理規範。

面對自己時，用嚴厲的道德來律己；面對外人時，以利他為自己該盡的義務。結果就是資本主義經濟獲得非常快速的發展。

日本江戶中期的思想家石田梅岩（譯註：一六八五年～一七四四年，思想家與倫理學者，創立石門心學）也提過同樣的主張。當時正值日本商業資本主義的勃興時期，但是就社會地位而言，商人被置於低下的階級，因為當時的思想潮流還是傾向商業屬於卑賤的行為。

在此情況下，梅岩主張「商人的獲利與武士的俸祿相同」，強調商人的獲利和武士領取俸祿一樣，都是正當的行為，絕對沒有可恥的地方。他的話，對私下經常受到歧視的商人產生鼓勵的作用。

「君子愛財、取之有道」，意思是說，追求利潤並非罪惡，只是賺取財富的方法必須合乎常人遵循的道路才行。並非做任何事都行，只要能賺錢就好，就算得到利潤，還是要走在對人而言是正確的道路上才對。以上就是在說明，商業行為的倫理觀非常重要。

「誠實的商人會想到讓對方站起來，也讓自己站起來。」這是梅岩的話。簡而言之，做對於對方與自己而言都有利的事，就是商業的終極意義。也就是說，商業行為當中，必須含有「自利利他」的精神，才是正確的。

貫徹利他思維，能拓展觀察事物的視野

追求利益的心情，是企業或人類活動的原動力。因此，每個人都可以擁有想儲蓄財物的「欲」（譯註：指個人的欲望）。問題是，這個欲不應該停留在利己的範圍內，應該拓展為對他人也好的「大欲」，即謀求公眾的利益。這種利他的精神散布到最後，也會為自己帶來利益，或者讓原本的獲利規模擴增。

試著觀察企業經營與管理行為，我發現其中本來就含有為世界、為人類的「利他行為」。

雖然所謂的終身雇用制度，現在也開始逐漸崩毀，但是雇用一個員工，意思就是對他具有責任，必須照顧員工一生的生活。因此，當你開始雇用五人、十人的員工，光是雇用行為本身，就已經是「為人類」了。

這點對個人也一樣。獨身的時候只有一個人，凡事個人優先。結婚成家之後，就不只是為自己，也要為妻子而工作，並且守護、養育子女。此時當事人的行為，即使在無意識之間，也含帶著利他行為了。

但是有一點必須留意，利他與利己其實具有互為表裡的關係。也就是說，從小的地方看屬於利他的，擴大來看其實也會轉成利己。為了公司、為了家庭的行動，的確包含著利他的心，但是如果有「只要我的公司賺錢」、「只要對我自己的家庭好就行」的想法，這樣想的過程中，利他就會轉變成自我（譯註：ego，即我執），或者就停留在這種精神水準。

如果過度強調「為了公司」這種「利他行為」，從社會的角度來看，也會變成偏袒公司的我執。為家庭，從個人的角度而言也是利他，但是如果眼中只有自己的家族，從他人的眼裡反映出的，或許也是一種為家族的自私。因此，為了避免自己停留在低層次的利他行為，最重要的，就是要養成用更寬廣的角度看待事物的習慣，從更大的地方、用相對的角度來觀察自己的行為。

例如，不只是考慮到自己公司賺錢，也要讓客戶方面能提升利益，甚至也要貢獻利益給消費者、股東、地方，應該從事這樣的經營。還有，比個人更重要的是家族，比家族重要的是地方，更重要的還有國家、世界、地球、宇宙，要盡可能擴大、提升利他的心。

這樣做之後，自然就能擁有更寬闊的視野，周遭的各種事況都可以兼顧並且看得清楚。接著就可以做出客觀且正確的判斷，也能夠儘量避免失敗。

每晚捫心自問，跨入新事業領域的動機

利他這種「美德」，可以說是擊破困境、招來成功的超強原動力。這是我參與電器通訊事業的時候，所體驗到的道理。

眼下，多少企業一起競爭都算是常態。但是在一九八五年之前，日本的國營企業電電公社，曾經獨佔通訊事業的市場。因此我決定導入「健全的競爭原理」，認為應該發揮自由市場機制，降低跟各國比較之下價格偏高的日本國內通訊費用。

隨後電電公社改為民營的日本電信電話公司（NTT），日本市場同時允許新企業投入。但是，要投入就得跟到目前為止獨霸市場的巨人挑戰，大

家都懷著恐懼，最後仍然沒有企業想加入市場。這樣下去，結果只是公營企業轉為民營，名稱改變而已，根本無法建立健全的競爭，讓電信費用下跌，國民因此也無法受惠。

接著，「由我來做吧」的想法，在我的心中產生。我的考量是，京瓷既然是由創投起業，從事這樣的挑戰應該很適合吧！

因為對手是ＮＴＴ，這就像巨象與螞蟻的戰爭，而且就業種而言，也屬於我們完全不了解的領域。但是，如果我們只是一直旁觀，市場競爭原理根本沒有作用，對日本國民而言，降低電信費用的利益，只是一塊用畫的大餅罷了。我知道這想法流於唐吉訶德（譯註：西班牙作家塞萬提斯的小說《唐吉訶德》的主角，幻想自己是個騎士，因而做出許多怪異行爲，最後才從夢幻中甦醒）作風，但最後我還是舉手宣布參加。

不過，我並非想到就立刻去申請。因為當時我也嚴格地問自己，我參與市場的動機是否含帶私心？自我反省參加的意圖，每晚就寢之前，不可缺的功課就是自問：

「你想要投入電信通訊事業的原因，真的是為了國民著想嗎？難道沒有混入想獲得私利或公司利益的居心嗎？或者說，這不是想在世間強出頭的個人表現（grandstand play）嗎？動機單純到連一點雜質也沒有嗎？……」

我經常如此自問自答。也就是說一再地在心中自問，確認「動機良善、沒有私心」，不斷問自己動機是真誠或虛假。就這樣過了半年，總算確信自己的心裡沒有邪惡的念頭，然後才毅然踏出設立ＤＤＩ的第一步。

我起了頭之後，又有兩家企業報名申請，一開始的評判，對以京瓷為母公司的ＤＤＩ最不利，這也很合理。一來我們不具備通訊事業的經驗或技術，通訊電纜與天線設備都得從頭開始建構，還有地區經銷商網絡尚未出現，這些都是我們的障礙。

若真正為世界、為人類，就進一步試著吃一點虧

儘管我們處於這樣的逆境，ＤＤＩ從開始營業之後，在新加入企業當中，業績經常都是第一，也一直領先跑在前面。由當初到現在，向我詢問理由的人還是很多。面對他們，我的答案也只有一個：源自於「我想為國民貢獻一點利益」這種私心，只此而已。

ＤＤＩ創業開始，我只要抓到機會就不停地對員工說這樣的話：「為了國民，我們要讓長途電話費降價。」、「在僅此一次的人生中，來做點有意義的事。」、「現在我們得到百年難得一見的機會，我們要感謝，也要活用這次機會。」

因此，DDI內部就擁有單純的共同意志，認定工作並非只為員工自身利益，而是為日本國民的利益在做事，打從內心期待事業會成功，也拚命地投入工作。因此，我們也得到經銷商的支援，業務拓展開來，甚至獲得廣大用戶的支持。

在DDI創業一段時間之後，我讓一般員工也可以用面額價格購買公司的股票。DDI創立後，從成長、發展，甚至到股票上市、得到資本收益（Capital gains），都是因為員工努力工作，我想報答他們，也想藉此表達我感謝他們的心意。

另一方面，照理說我本身是創業者，應該有可能得到更多的股票，事實上我連一股也沒有。那是因為我在創立DDI時，就考慮到自己不應該混雜著一點點的私心，去從事這項經營才行。

我想，當時我手頭上只要有一張股票，若有人認為我是為了賺錢，我也無法辯駁。還有，這樣一來，DDI日後發展的足跡也會完全不同，這個判斷絕對不會錯。

行動電話事業（手機事業，即現在的au）（譯註：爲日本行動電話品牌，在日本本島由KDDI、沖繩由沖繩行動電話經營，其名稱源自日文的會面／会う、與結合／合う，發音都是au）開始的時候也有類似的經驗。DDI的事業剛開始的時候，我就確定行動電話未來會有市場。主要是因為我考慮到，隨著行動電話的普及，我渴望為日本國民帶來很多方便，因此我也想參與這項事業。此時也出現很大的問題。

原因就在DDI之後又有一家企業登記。日本有關電波頻率的管制規定，除了NTT之外，在同一個地區只能由一家企業參與營運。既然有兩家企業加入，就必須把營業區域分成兩半才行。

考慮到事業的收益力，當然兩邊都想要人口集中的都會地區，因此實在無法達成協議。我雖然提出公平抽籤的建議案，結果卻被當時的郵政部斥責，該部認為這種（重要）程度的事業，用抽籤決定不夠謹慎。

問題是，如果一直維持看不到前景的拔河比賽，事情還是不會明朗。在此情況下，除非有一方先讓步，否則移動通訊（行動電話）事業或許就無法在日本生根——我考慮到此點之後，就決定把首都圈（譯註：以東京中心的地區）與中部圈（譯註：一九六六年日本成立「中部圈開發整備法」，除首都圈、近畿圈之外，將地方重要都市畫爲中部圈，包括東海地方、北陸地方與中央高地、近畿地方等，面積佔全國的一五·八％、人口佔全國的一六·九％）這兩個最大的市場讓給對方，自己取其它遺留下來的地區。

沒想到我會自己提出不利於己的條件，ＤＤＩ的股東們也認為，包子的餡給了別人，只留皮給自己，而打算放棄。我則認為，也有「失而後得、先敗後勝」的名言。「只要大家努力，就可以把包子的皮變成黃金」，我用這個理由說服他們，總算讓這個事業開始進行。

有趣的是，事業一旦展開，卻跟我們當初預料的相反，業績不斷成長。現在日本的行動電話（au）領域，讀者們都知道，只有我們在跟 NTT DOCOMO 競爭。

DDI與行動電話事業的成功，就是秉持想要為世界、為人類盡力的思考方式，招來天祐的緣故。我認為這也是用來證明「只要動機良善，事情一定會成功」的最佳證據。

企業收益只是暫時寄放，還是要貢獻給社會

京瓷的經營理念為「追求全體員工物質上和精神上的幸福，同時為人類和社會的進步發展做出貢獻」。企業經營的目的，首先必須是促進在企業裡工作者的生活與幸福。問題在於，如果只有這樣，就會停留在只為一家企業的利益著想的我執上。企業身為社會的公器，因此也有為世界、為人類盡力量的職責和義務。

因此，下半段的理念也就實現了。這就是從利己的經營出發，然後轉為利他經營，也是表現擴充經營理念的用語。

剛創業不久，我就心存這種經營理念至今。創業數年之後，在公司的基

礎比較穩固時，我在歲末一一發放年終獎金給員工之後，建議大家捐出一部分給公司，每位員工捐出一點獎金，公司相對地捐出同額的金錢，然後將這些錢捐給過年時連糕餅都買不起的貧窮人家。這就是我的提案。

員工都贊同我的意見，很快就將部分年終獎金捐出來。此舉變成京瓷至今成立各種社會公益事業的契機。這種精神至今不變，還存活在公司當中。也就是說，就算只拿一小部分也好，將自己的血汗結晶用在他人身上，實踐對社會有益的利他精神，一直是我自京瓷創業以來，就在努力做的事。

我自己也是由「為世界、為人類做出有益的事，就人而言是最高尚的行為」的理念出發，一九八五年時設立「京都獎」（譯註：原文爲「京都賞」）。我拿出身上擁有的京瓷股票和現金，共計兩百億日圓，成立稻盛基金會（譯註：原文爲「稻盛財團」）。我想找出在尖端技術、基礎科學、思想、藝術領域方面具有優異表現、對社會有偉大貢獻的人，表揚他們，就是為了讚揚他們而開始的。據說，京都獎現在獲得的評價，已經可以匹敵諾貝爾獎了。

京瓷事業發展的結果，我的資產也在增加。但是這些都是社會上大多數人的支援或努力，才讓我得到的，絕對不可視為我私人所擁有。既然是社會給我的、或者說社會暫存在我這裡的資產，就應該用對社會有益的方式還給社會，如此才合理。我就是基於這樣的考慮，所以設立京都獎。因此，京都獎一方面可以說是我對社會回報恩典，一方面也為我實踐利他哲學。

我從事這些社會慈善事業也獲得好的評價。二〇〇三年卡內基基金會也頒發「安德魯．卡內基博愛獎」給我。我的名字因此和過去領過此獎的比爾．蓋茲（Bill Gates）、喬治．索羅斯（George Soros）、泰德．透納（Ted Turner）等世界有名的慈善家，連結在一起，我也是第一個得到此獎的日本人。然而，在頒獎會的致詞中，我講話的內容如下：

「我是個工作狂，我創了京瓷與ＫＤＤＩ兩家公司，很幸運地業績發展比預想還好，雖然我並未企求，卻還是擁有很大的資產。但是，我深深記得內心與安德魯．卡內基說的『個人的財富，應該用在社會利益上』這句話所產生的共鳴。因為我本身從以前就擁有同樣的想法，因此我也認為，上天賜給我的財富，應該為世界、為人類而使用才對。在此前提下，我也親自參與各式各樣社會工作和慈善事業。」

「求財有道」如先前所述，我同時也認為「散財亦有道」。俗話說，花錢比賺錢更難。我認為，以利他精神賺到的金錢，也要以利他精神運用才對。這樣做，才能一方面用「正確的」方法把財物散出去，同時對社會也能有所貢獻。

日本啊！請以「富國有德」做為國策吧！

事物的情況，隨著人類用善意思考或用惡意思考，結果自然也會變得不一樣。

例如，與人辯論時，會想盡方法駁倒對方，心想這是對方的錯，所以很想讓對方承認錯誤，因此讓對方也感到困惑。此時如果能想到，跟對方一起考慮更好的解決對策，那麼即使遇到同樣的問題，結論也會變得不一樣。也就是說，有沒有體貼對方，就是產生差別的原因。

過去美、日之間，因為日本市場封閉的問題，曾經發生摩擦。我針對兩國之間產生的各種問題，在民間成立可以直言討論的「美、日二十一世紀委員會」論壇，希望能藉此改善美、日關係。

那時我的提案是，彼此先停止互相指責對方的敵對言論。完全不考慮對方的情況與背景，就認定你錯、你壞、你應該讓步，只會讓問題得不到結論。目的只是考慮利益得失，只想獲勝的商談，必定是沒有成果的，結果也只會增加彼此之間的不信任感。

因此，首先應該採取尊重對方立場的姿態，不固執己見，要以體貼的心情聽取對手的想法。用以上這種利他的心為基礎，展開對話才對吧？這就是我的提案。

還有，必要時日本應該率先讓步才對。我這樣說的理由在於，戰後的日本承受了美國很大的恩惠——不吝嗇地提供糧食與技術給我們，或者開放巨大的市場給日本製造的產品等——日本經濟就是靠這些恩惠，才能復興和成長至今。

就算這只是美國的世界戰略當中的一環，他們對我們非常寬容仍是事實。既然如此，現在換我們讓他們見識我們的「體貼的心」。我認為，學會該讓步就讓步的寬容心與「利他的心」，不正是躋身「經濟大國」的日本該盡的義務嗎？

這個委員會就以這樣的宗旨，持續兩年展開討論，並且對美、日兩國政府提出建言。

在為日本的將來設計「國家的形貌」的前提下，最大的關鍵字就是，依據這種體貼的精神，同時以道德為基礎，來建設國家吧！

過去，國際日本文化研究中心的川勝平太教授（譯註：一九四八年生，日本的經濟學者、政治家）曾經說過「富國有德」這句話。

不是靠財富，而是靠道德立國。也就是說，他提議活用一國經濟富裕的力量，用道德的心回報其他的人或國家。並非動用武力或經濟力，而是具有

「德」，對他國「行善」，因此得到信賴與尊敬。

我也認為，應該用這樣的德，做為日本的國策。向來只顧追求自己國家利益、因此跟他國針鋒相對的日本，現在必須走在前面，率先做榜樣才行。

日本的目標，既不是成為經濟大國，也不是成為軍事大國，而是像這樣以道德為根基來立國才對吧？日本既不是長久以來就擅於打經濟算盤的國家，也不是急著誇耀軍事能力的國度，而是應該把道德這種人類崇高的精神，當成立國基石，然後跟世界接軌才是。

當日本變成這樣的國家時，日本才能在國際社會中，成為真正必要且被尊敬的國家。還有，世界上應該沒有國家會侵略這樣有道德的國家吧？意思是說，這也是最佳的國家安全保障政策。

是否忘掉這項可敬的「美德」呢？

關於此事，中國革命之父孫文一九二四年到神戶時的演講很有名。演講中，孫文就歐美文化與東洋文化做比較，提到「王道與霸道」的話題。歐美文化的源頭乃以武力服人，用中國古時候的用語形容就是霸道。與此相對的，王道在東洋是綿延不絕的文化，以道德為基礎領導人民。

孫文對當時正在擴張軍備、擴大領土範圍的日本表示，日本不該選擇「霸道」，應該選擇「王道」才對。可惜的是，日本最後走向霸道，突然朝引爆第二次世界大戰前進，即使戰後至今，還是憑藉經濟實行霸權主義。

問題是，未來無論是國家或人民，如果不能夠採行像體貼、利他心這種以德為根基的王道，做為生活的軸心，我擔心日本勢必無法避免再犯下大的過錯。

佛教天台宗有「忘己利他」的教諭。就像字面所說的，佛教教導人要忘掉自己的事，為他人竭盡心力。光聽到這句話，或許有「又是懲戒」的反彈聲音。過去擔任天台宗住持的山田惠諦（譯註：一八九五年～一九九四年，日本天台宗的僧侶）認為，我們應該理解「追求物欲才是懲戒，未來應該先放下自己，為別人竭盡心力才行」。

我之所以強調此事，是因為我強烈地感覺到，日本現今的社會，已經完全失去體貼或者利他的美德了。

忘掉體貼和利他的心，剩下的就是自己的欲望了。如此地容許、放任自己的欲望的結果，不就是古往今來，日本社會的形貌嗎？

從前有一個十九歲的少年，犯下殺害一家四口的事件，其罪惡重大到被判了死刑。那個少年人會犯案，是因為他自己解釋法律，認為自己未成年，所以不管做什麼都不會被判死刑。他是以此理由犯罪的「確信犯」（譯註：日文裡的「確信犯」有兩種解釋：1、基於宗教信仰或政治信念，做出事實上觸犯法律、但自認無罪的犯罪行爲；2、知法犯法、明知故犯的行爲，或有此行爲的人）。

有位報導此事件的媒體記者，就這點寫下：「如果這個少年對法律更了解一點，或許這件事就不會發生了。」問題是，在少年應該理解法律之前，更應該了解「不可以殺人」這種根本的道德、倫理觀才對啊！因為不可殺害他人、不可傷害他人的道理，不是法律，而是人的生活方式，也是屬於道德論的範圍。

以道德為基礎，展開人格教育吧！

為何我們會失卻最根本的道德規範到這種地步呢？為何會忘記體貼與利他的心呢？答案很簡單，只有一句話：「因為大人沒有把這些教給小孩。」日本戰後已經六十年了，目前活著的日本人，可以說從來沒有接受過有關道德的教育。我是在大戰之前受教育的，因此非常了解這種情況。

放任孩子、給孩子自主的空間、不斷給孩子自由，但是幾乎沒有教孩子認識與自由相對的、就人而言應盡的義務。也可以說，我們一直以來，非常嚴重地疏忽一件事，就是自己應該學會就人類而言當然需要具備的道德，以及過社會生活時至少應該遵守的規則。

從以前傳承下來、如前述的生活指針，被稱為哲學，並且是由以佛教、基督教為首的宗教教授給人們。這些宗教的教理，後來就變成能引導人類過好生活的道德與規範。

暗地裡做壞事，神佛也都看得到，所以一定會受到果報。再者，累積不為人知善行的人，神佛絕對不會棄之不顧——從信仰會得到這些觀念。之後，人類就不得不思考「就人類而言，什麼才是正確？」這個問題。

問題是，近代的日本，隨著科學的發達，這些宗教就遭到忽略了。之後，連指示人類該具有的姿態、所謂的道德、倫理和哲學，也就逐漸被人類淡忘了。

日本的哲學家梅原猛老師（譯註：一九二五年～二〇一九年，曾擔任立命館大學文學教授、國際日本文化研究中心所長）就曾經說過：「日本人欠缺道德，根本原因就是因為宗教不存在。」我完全同意。特別是在戰後的日本社會，因為反對戰前政府利用神道教對國家進行思想統治，因此在平常的生活中，刻意排斥道德、倫理思想，這樣的傾向非常強烈。

最近也一樣，日本一方面歌頌綜合教育，卻很難看到推展以道德為基礎人格教育的跡象。再加上過度重視「個性教育」，因此，並未認真教給孩子們身為人類應該學習的、最低限度的規則與道德。連幼稚園也標榜「自由的教育」，放任還分不清物質與精神的幼兒自行發展。也因此，直到長大成人為止，根本沒有機會學到必要的、最基本的道德規則。

在孩子身心同處於成長階段的青少年時期，大人不是更應該給孩子們學習沉著思考「身為人類應該如何生存」的機會嗎？

還有，我認為學校也應該指導學生「正確的職業觀」。

現在的日本，已經形成所謂的學歷社會，把很會讀書與不擅長讀書的孩子分成兩組，且前者備受禮遇。這樣的情況，讓年輕人的勞動觀變得相當扭曲。只要成績好就可以進入政府機關或大企業，至於手指是否靈巧、是否善於待人接物等學問以外的特質，根本不受重視。

若要改正現況，就應該從小學開始就教育孩子，這個世界就是因為擁有多種類的職業，許多人同時在很多領域拚命、努力地工作，社會與人的生活才能成立。例如告訴想當理容師的孩子，應該進哪個學校、應該考取何種資格等，也要教給他們實用的知識，同時也需要實施職業教育。

在前面的章節中，我曾介紹過宮大工，不只是木匠，還有傢具木工、裁縫師，或者農民、漁民。無論選擇哪種職業，只要專注於工作，都可以通往磨練心志、提升人格這條路。我想，教給孩子工作的真正意義、正確的職業觀，也是教育的重大功能才對。

勿重蹈歷史覆轍，構築新的日本

日本這個國家走入近代之後，每隔四十年就迎接一個大的里程碑（譯註：原文爲「節目」，指樹幹上的節）。

①一八六八年——脫離以往的封建社會，靠明治維新建立現代化國家。以「坂上之雲」（譯註：原文「坂の上の雲」是日本作家司馬遼太郎的長篇小說主題，一九六八年～一九七二年在《產經新聞》連載）為目標，開始走向富國強兵之道。

②一九〇五年——日俄戰爭獲勝，躋進世界強國，國際地位飛躍似地提升。之後，富國強兵政策開始向「強兵」傾斜，日本突然朝軍事大國推進。

③一九四五年——第二次世界大戰中戰敗，從焦土廢墟之中，開始向「富國」大轉彎，最後達成奇蹟式的經濟成長。

④一九八五年——日本超大的貿易黑字（盈餘）已到了該踩煞車的時候。國際高峰會議達成協議，讓日圓升值、日本擴大進口。此時日本迎向經濟大國的巔峰，然後泡沫經濟崩毀，經濟又陷入蕭條至今。

觀察這每四十年就歷經一次盛衰的循環，就能夠發現，我們的國家到今天還是貫徹追求物質豐盛，因此總是跟別的國家重複地競爭。尤其是在大戰之後，奉經濟成長為最高主義，因此無論個人或企業都追求財富，對增加財富充滿熱誠。就算因為社會、經濟停滯不前，有人主張大刀闊斧的（drastic）改革是必要的，情況依舊沒有改變。只要國內生產毛額（GDP）小數點之後的數字，有百分之多少的變化，就或喜或憂，追求成長的思想幾乎變成唯一的「善」，我們當中還有很多人，到現在還是急著往上、往前衝。

那是把欲望這種煩惱當成原動力，以優勝劣敗的競爭原理為根據，以物質的豐裕為優先的霸道哲學。換句話說，就是「追求利益、不講道理」，日本人至今還無法從這種國家的政策、個人的生存方式中抽身。

問題是，我們都知道，只要擁有這樣的價值觀，就是死路一條。但是，至今為止的經濟成長中，日本所找到的立身的方法，都只是單向地朝著每隔四十年循環一次的盛衰重複前進。我想接下來，也只會畫出足以匹敵日本戰敗窘況的「下一個大谷底」。我想，那種往下滑落的速度，是很難踩得住煞車的。

國家中央與地方財政赤字擴增、遲遲沒有進展的財政改革、因朝少子高齡社會前進帶來的社會活力降低，這些徵兆已經非常明顯。如果再束手不管，下一個四十年、即到了二〇二五年左右，如果要描繪日本未來的樣子，其中也包括國家可能無法避免滅亡的危機。

日本必須利用現在，打出可以取代經濟成長至上主義的新國家理念、與個人生活的新方向。還有，現在面臨的問題，已經不只停留在一個國家的經濟上，而是與國際社會、全球環境都有關連，是非常大而且緊急的問題。理由在於，只要人類不願更改，那種以人類貪得無厭的欲望為根基、追求無止境成長與消費的做法，我認為不只是有限的地球資源、能源會因而枯竭，地球環境也無法避免被破壞。

也就是說，長此下去，不只日本這個國家會破滅，人類也無法避免，用自己的手毀掉自己所居住的地球。已經知道這種情況的人，或者說，不在意這些，在即將沉沒的船上，還在追求奢華、享受飽食的人——也就是我們——應該早一刻，留意到此種行為帶來的無益與危險，也有必要根據新的哲學，描繪出新的人生航海圖。

從自然天理學習「知足」的生存之道

那麼，又該追求什麼新的哲學呢？

我認為，若要我用一句簡單的話，形容未來的日本與日本人的生存之道，所應根據的哲理，那就是「知足」。還有，以這種知足的心所帶來的感謝，與謙虛為本所化出的、體貼他人與利他的行為。

這種知足的生存方式，在自然界就可以找到模範。例如，草食動物吃植物，肉食動物吃這些草食動物，肉食動物的糞便、屍體又回到土裡，養育植物……在循弱肉強食原則生存的動植物世界，如果我們以更廣更遠的觀點來看，也是生活在這種「協調的」生命鏈當中。

還有，動物與人類有一點不同，牠們不會自己去破壞這種生命鏈。例如，草食動物如果毫無節制地把植物全部吃光，這個生命的鎖鏈就被切斷，自己的生命不在話下，連後來誕生的動物也會面臨危機。因此，牠們身上與生俱有不貪求超過必要食物的節制本能。

獅子吃飽了也不會再捕捉獵物，那是獅子的本能，同時也是造物主給牠的「知足」的生存方式。正因為萬物學會過知足的生活之道，自然界才能長期保持協調與安定。

我想，人類也應該學習這種自然界的「適可而止」才對吧。人類本來就是大自然的居民，過去的人非常理解這種自然的真理，知道自己也存活於生命鏈當中的一環。但是，最後人類從這個食物鏈中，拿掉套在頸子上的軛，解放自己，因為只有人類可以脫離這個循環法則。但也就在這個時候，人類同時失去想要與其他生物共存活的謙卑心。

在自然界當中，只有人類擁有高度的智力，因此可以大量生產糧食與工業製品，為了追求效率也發展各式各樣的技術，最後人類的智力變成了傲慢，想控制自然界的欲望也因此變得更龐大。同時，知足、適可而止的界線也消失了，想要更多、想變得更富裕的我執，終於跑到前頭，最後才會導致危及地球環境的現況。

人類覺醒時，就是「利他」文明開花的時刻

我們如果不想跟地球這條船一起沉溺，方法只有一個，就是再度找回自然的節度（譯註：即適可而止），即不求取超乎必要的東西。應該把神僅賜給人類的智力變成真的智慧，非得學會控制自己欲望的技巧才行。

也就是說，要有「知足」的心，並且必須去實行這種生存方式。如果無法就手上有的東西感到滿足，那麼就算拿到想要的東西，還是不可能因此就感到滿足。

日本應該停止追求更多的經濟與財富，無論國家或個人的目標，都不該只是追求物質的富裕，而是應該摸索出「今後該如何做，才能讓大家精神上

過得富裕」的方向。

那就是老子所說的「知足者富」的「知足的」生存方式。也有格言說喜歡的東西得不到時，那就喜歡手中已有的。「滿足是賢者之石」，這句話意思是說，我們必須去實踐「知足使人心安定」的想法和生活方式。

也就是說，把私人欲望控制在適可的程度，在稍微不夠的情況下就感到滿足，剩下的就與他人分享，具有此種體貼的心。或者說給予他人、滿足別人的體貼的心。或許會被人說想得太美好，也許會被人說不夠實際，但是，我相信這樣的思考方式，一定可以拯救日本，說誇張一點，則是可以拯救地球。

所謂知足的生存方式，絕對不是因為滿足現狀，就不再做任何新的嘗試，過著充滿停滯與虛脫感覺的、老舊保守的生存方式。

用經濟情況做比喻，就是ＧＤＰ的總金額不變，但是內容、也就是產業結構，自己會慢慢改變。古老的產業減少、新的產業萌芽，會有這種活力（dynamism）出現。也就是說，隨著人類展現智慧，新的事物也接踵而至，持續地進行健全的新陳代謝，是一種充滿活力與創造力的生存方式，就印象而言應該是如此。

當這樣的現象實現之後，我們就經由成長抵達成熟，由競爭轉向共生，實踐現在還停留在畫餅階段的口號，如此不就可以走上協調和平之道了嗎？

或許，所謂利他這種以道德為動機的新文明，就會跟著誕生。也就是說，現代文明的成立是基於生活要更輕鬆、要吃更多美味的食物、要存更多的錢等人類欲望的動機；到了新時代，或許以想更加善待對方、想給別人更多幸福、體貼或愛為根基的利他文明，就會開出更多花朵。

至於它會是何種型態，具有那些內容？我也不是很清楚。或許結果還是停留在畫餅充饑的階段就告結束的一場白日夢吧！

問題是，我也曾一再強調，比達到目標更重要的，是因為想達到目標而做的努力。這樣做的話，想達到理想的心念，就會每天磨練我們的心。如果能夠這樣做，而讓我們的心志提升，那麼通往利他社會的路程，應該就沒有那麼遠了。

第5章

跟宇宙洪流取得協調

掌管人生的兩大無形力量

我認為，自然界有兩隻「無形的手」，從根本的地方掌管我們的人生。其中之一就是命運。人類依據其本來的命運，誕生到這個世界，就在人類也無法知道命運是什麼的情況下，就被命運導引或者被命運推著，過完自己的人生。或許有人不同意我的說法，但是我認為，命運的存在是莊嚴、重大的事實。

人類的確是被自己的意念、思想無法控制的「某種力量」所支配。這個力量不管人類的喜怒哀樂，像流動的大河一般貫穿一生，一刻也不停息，把我們運送到大海。

那麼，人類在命運之前完全無計可施嗎？我認為並非如此。因為還有一隻無形的大手，在最根本的地方掌控人生，那就是「因果報應法則」。

這法則就是：做好事就導致好的結果，做壞事就導致壞的結果；或者種善因生善果，種惡因生惡果——原因與結果直接連結在一起的單純、明快的「法則」。

在我們身上發生的所有事故，背後必定有讓此事發生的原因。這些原因無需向外找，就是自己的思想和行為。這些行為、思想為因，才會生出事故的果。你現在所思、所做，這些都會變成原因，然後必定跟某些結果串聯在一起。再者，你對那些結果的對應，又會成為新事項的原因。這種無限循環的因果律，也就是支配我們人生的自然律法。

在本書第一章，我曾陳述「心中沒有呼喊的東西，不會主動靠近你」。也就是說，人生其實就像自己心中描繪的樣子。這種說法也是依據這種因果報應法則而來的。我們心中所思與所做的行為成為種子，由這顆種子帶來現實的結果。

還有在第三章，我強調磨練、提升心志的重要，根據這項因果法律，被提升的善心，只會成為美好人生的主要原因。

命運與因果法律，這兩項大原則支配著每一個人的人生。命運如縱向的絲線，因果報應法則如橫向的絲線，然後交相織出所謂的人生這塊布。

為何人生不會照著命運走？那是因為因果律的力量在運作。但是也有時候，行善卻沒立刻見到善報，那是因為命運起了干擾的作用。

重點在於，因果報應法則的影響力，還是稍微比命運強。掌控人生的這兩股力量之間也有力學關係，因果律具有的力量略高於命運。因此我們即使與生俱有命運，只要透過使用因果報應的法則，還是有可能改變命運。

因此，透過心存善念、做善事，就可以將命運的流向導往善的方向。人類就是一方面受命運支配，一方面卻可以透過自己的善念善行、改變命運的生物。

理解因果報應的原理，命運也會改變

命運並非宿命，可以隨因果報應法則而改變——這不是我自己思考出來的。是影響日本許多政治家、經濟人的思想家安岡正篤（譯註：一八九八年～一九八三年，日本的陽明學者、思想家，其著作《王陽明研究》曾引起廣大的迴響），透過啟蒙作品、中國古籍《陰騭錄》學到的理念。《陰騭錄》是明朝時期的書，介紹袁了凡（譯註：一五三三年～一六〇六年，名黃、字坤儀，明朝萬曆進士，崇信佛法，著有勸善文《了凡四訓》）的生平事跡。

袁了凡出生在醫生世家，早年喪父，由母親一手養育長大。在他少年時期、正在學醫準備繼承家業時，有一天，突然有一位老人來訪並對他說，我是個研究易經的研究者，今天是順從我的天命，傳授給你易經的真義。之後老人對他的母親說：

「你或許考慮讓你的兒子成為醫生，但是他不會走向醫界。等他長大會參加科舉考試，應該會當官吧！」

就這樣，老人說他幾歲時參加考試，且不只說出他會在多少考生中以第幾名中舉，還說他年輕時就會被任命為地方官，大大地出人頭地；結婚之後沒有子女，然後會在五十三歲時往生——一一訴說少年的命運。

之後，袁了凡的一生也都照著老人的預言往前推進。當上地方官的袁了凡，有一次到某個禪寺拜訪非常有名的禪師，兩人一起參禪。由於參禪過程非常平靜、無雜念，禪師非常感動地問他：

「你的禪定如此優異，一點陰霾也沒有，你到底在哪裡修行呢？」

袁了凡回答說，他沒有修行經驗。接著，他就告訴禪師年少時碰到好人的故事。

「我就照著老人所預料的，度過我的人生。最後會死在五十三歲，這就是我的命運吧？所以，我現在已經了無牽掛。」

然而，禪師聽到這段話之後，大喝了凡一聲。

「我還以為你如此年輕就達到開悟的境界，沒想到你是個大傻瓜。難道你的人生就只是順從命運的安排嗎？雖然命運是上天給的，但也不是絕對無法用人為方式改變的。如果你從此持善念、行善事，你以後的人生就會超越命運，會往更美好的方向改變才對。」

禪師告訴他因果的法則，了凡順從地聽信禪師的話，從此之後心中牢記著不可做壞事、累積善行。結果，本來不可能有的孩子也有了，壽命也比預言超過很多，達到「天壽」（自然的壽命）。

就這樣，上天決定的命運，人類也可以用自己的力量去改變。只要不斷思善行善，自然的因果報應法則就會運作，我們就可以過比原定命運更好的人生。安岡正篤先生說這就是「立命」（譯註：即陽明學說裡的「見性」，「明心見性」中的明心就是知命、見性就是立命）。

問題是，現實的社會中很少人相信這種天理與法則，以不符合科學而嗤之以鼻的人居多。對照近代的理性學說，命運被歸為類似迷信之類的說法；因果報應也被拿來訓斥小孩「你做壞事就會被處罰」，當成騙小孩的道德教育。當然以現有的科技水準，我們還無法證明這兩隻無形的手是存在的。

如果每次好的行為立即招來好的結果，或許人類就會毫不考慮地相信。但是原因出現之後，立即出現結果的情況，我幾乎沒有見過。今天做了好事，明天就一定發生好的結果，這樣的說法實在行不通。

再者，情況也不像一加一的答案必定是二那樣，產生B結果的原因是

A，因果關係也不會用如此清晰的方式呈現。理由就像先前提過的，命運與因果法則，彼此間是以相互交叉的方式，控制我們的人生。

兩者也會彼此干涉影響，例如命運非常惡劣的時刻，即使你做了一點善事，但是強烈的命運會打消善行的影響力，無法連結上好的結果。同樣的，在命運非常好的時候，就算做了一些壞事，也很難化成惡的因果——這樣的事情有時也會發生。

別急於獲得成果！因果的總帳最後都是正確的

因果報應法則這種東西，很難看出，也無法輕易地相信。原因在於，人類只能用很短的跨度（譯註：span，意思爲手指測量的指距、全長、廣度等）來看待事物。但是某種思想、行為要以結果呈現，還是需要適當的時間，有時兩、三年這樣短的時間單位，是很難產生結果的。

如果把時間拉長到二十、三十年的單位來看，因果的總帳一定是符合的。我也是經營事業超過四十年之後，才看到各種人物的各種盛衰情況。我想，用三十、四十年的跨度來觀察就會發現，幾乎所有的人，依據他們日常的思想、行為，都會獲得相符合的果報，得到他們該有的人生。

用長遠的眼光來看，那種誠實、不吝嗇行善的人，不可能一直處於運氣不佳的狀態。生性懶惰、隨隨便便過生活的人，卻一直保持榮景的事，我也未曾見過。

有時的確可以看到有些人做了壞事，卻還是擁有好運氣、運勢；也有人努力行善，卻面臨一時的厄運，顯得很蕭條。但是隨著時間的經過，就會逐漸修正，最後大家都會得到符合自己言行、生活方式的結果，定著在符合該種「人類」應該落入的境地。

這樣的結果令人恐懼，原因與結果幾乎可以完全用等號連結，這點大家都很清楚。短期間不在話下，只要拉長期間來看，一定是善有善報、惡因招來惡果。銜接因果之間的道路，的確是吻合地成立了。

京瓷在幾年前，曾經支援經營面臨困難的複印機廠商三田工業，成立新公司「京瓷美達」（譯註：原文爲「京セラミタ」），展開企業的重建。新公司的業績之後就開始著實地改善，因此比預定計劃提前很多時間，償還龐大的債務。這家公司現在已經成為京瓷集團的棟梁事業。

這項企業重建工作，京瓷資訊機器部門的總經理，曾經做出非常大的貢獻。他擔任京瓷美達的總經理，為我負起重建的重任。事實上，在更早之前，他曾經擔任過某新進的通訊機器廠商的廠長。

那家企業當時剛好搭上熱潮，業績一度快速成長，但是隨著熱潮衰退，業績也開始變差，開始尋求外界的支援。京瓷把這家公司納入集團，支援並救濟他們，這已經是超過二十年前的事了。

重建工作過程辛苦，也絕對不能半途而廢。加上當時工會員工的反應過於激烈，他們會突然拋給我各式各樣的難題，連我的家裡也遭受到圍攻和惡意的誹謗、中傷，甚至連我自己也興起很不愉快的念頭，對京瓷更造成很大的傷害。

即使我救了被逼入絕境的公司以及他們的員工，還是得承受這樣的辛苦，但我只是咬著牙忍耐到底。就在這樣的過程中，最後多數的員工終於理解我，開始表示感激。感謝京瓷幫助，感謝稻盛救了他們。

當中的一個人就是剛才我提到的京瓷美達的第一任總經理。他以過去被救的身分，成為此次去救企業的人。以下就是他深沉的感慨：

「曾經是被救的人，這次卻成為救人的人，我不能否認自己感覺到與命運的邂逅。過去我承受到的恩惠，透過重建三田工業，上天給我報恩的機會。我此刻可以感覺到那種喜悅。」

聽到他的話，我也產生痛切的實際感覺。從長遠的眼光來看，還是會感覺「因果會相遇」，善行絕不會以惡果告終。一時之間看起來非常受苦，但是最後重建工作成功了，也獲得員工的感激。還有，我確信這種「善的循環」的範圍，還會不斷往外擴散才對。

「為善不見其益，如草裡冬瓜。」是中國明朝時期的《菜根譚》（譯註：明朝萬曆年間道士洪自誠路過古剎，從殘經敗紙中拾得《菜根譚》帶回家中重新校潤，編輯成書。此書是人生格言，共有三百五十九則格言。）當中的名句。意思是說，做了善行卻看不到善報，就像長在草叢中的冬瓜一般，雖然人們看不見，但還是逕自強壯地成長著。

因果的報應需要時間，把此事放在心上，別為結果焦慮。最重要的是，每天不停歇、不鬆弛、努力、踏實地累積善行。

不斷促進世間萬物成長的宇宙洪流

因果報應法則之所以成立，主要是沿用自然的宇宙真理。由長期間的跨度來看，善因結惡果、或惡因結善果，類似扭曲因果的情況卻從未發生。所有的善因善果、惡因惡果之所以能順向連結，主要就是因為因果論本身就是沿用天理、天意的東西呀！

如果考慮到宇宙創立過程，就會了解上述的說法。在一百三十億年前，宇宙大爆炸，在極端高溫、高壓下產生的粒子塊，構成我們所居住的宇宙，然後不斷膨脹，目前也還在膨脹當中——這就是所謂的宇宙大霹靂理論，已經成為當今宇宙物理學界肯定的說法。

可以說宇宙本身宛如一個具有生命的個體，呈現沒有止境的成長（膨脹），其成長過程，概略如下所述。

物質是由原子形成的，原子的核（原子核）則是由質子、中子、介子構成的。如果破壞質子或中子，就會出現粒子。根據研究可以了解，物質突然受到撞擊時，就會還原成粒子。

也就是說，在宇宙剛形成時，首先是產生大霹靂，導致粒子的結合。結合之後就產生質子、中子、介子，然後形成原子核，再取得電子，最後原子就誕生了。接著透過核融合產生許多種類的原子，同類原子結合成分子，這些分子還會結合變成高分子，高分子取得DNA、也就是所謂的遺傳因子，「生命」於是誕生了。

接著，這種原始生命又經過無法盡數的時光，不斷進化，最後才演化成像人類一般的高等生物——可以說，宇宙的歷史是由粒子往高等生命進化發展的動態過程。

為何會產生這樣的進化呢？最早存在的粒子，也可以保持粒子的狀態，這樣不是也很好嗎？或者，也可以選擇進展到原子的階段就停止吧。為什麼完全沒有休止地、依序地重複生成發展，進化到所謂的人類這種高等生物出現呢？

也有人會認為，這是基於偶然的交會。問題是這種繁榮的成長與進化，如果是在單純、偶然的機遇下引起的，完全沒有目標地進行，我感覺這是非常牽強的說法。寧可說這是基於天意的必然活動，這樣想比較合理。我是這麼想的。

也就是說，宇宙裡存在著一刻也不停歇，讓所有萬物不斷生成發展，非做不可的意志與力量。或者說是氣或能量般的東西。這股能量並且是因「善意」而形成的，由人類開始到無生物為止，讓一切往「善的方向」發展。

做好的事就能有好的結果，因果報應法則之所以成立，也是一樣。粒子不會只停留在粒子的階段，而是結合成原子、分子、高分子並且不斷重複，直到現在還持續在進化，就是受到這股氣流與力量的推動。

包羅萬象、讓所有的東西生成發展，讓所有活著、有生命的東西都導入善的方向發展——這就是宇宙的意志。換句話說，宇宙充滿著這樣的「愛」與「慈悲的心」。

因此，比什麼都重要的，就是順著這個大意志（愛），採取能夠和此大愛調和、統一的思考方法與生活方式。由於善念與善行，本身就充滿把一切導向善的宇宙意志，當然能夠因此得到好的結果與優異的成果。

也就是說，到目前為止，我所提到的感謝、誠實、拚命努力工作、樸實的心、不會忘記反省的心情，還有不忌妒、不懷恨的心，以及放下自己、體貼他人的利他精神……因為這樣的善念、善行都是順著宇宙意志的行為，因此必然也會將人導往成功、發展的方向，人的命運也會變得非常美好。換句話說，人生與事物是否會成功，是由當事人能否與宇宙意志或潮流同調在做決定。

其中的原理非常簡單。宇宙本身就具有讓萬物變得更好的意志，因此只要屬於這個範圍內的東西，就會被推向生成發展。因此只要宇宙存在，所有的東西本來就能夠成長與發展。當然，我們人類也不例外。

因此，只要與宇宙的意志做出同樣的思考方法和生活方式，人生與工作就必定會順利進行。

偉大的力量，注入到所有的生命當中

生命不是偶然的交會，而是基於宇宙意志的必然產物。這項思維並不特殊，前面提及的筑波大學名譽教授村上和雄老師，就曾以「偉大之物」（something Great）這個辭彙明示造物主的存在。

村上老師為世界有名的遺傳因子研究權威。根據他的說法，只要研究遺傳因子，就只會讓人去思考，這個世界是由超越人類智慧的、不可思議的意志在運籌操作。

所謂的遺傳因子，無論是在人類、動物、植物，或者黴菌或大腸菌等原始生物身上，都是使用相同的四個字母的「密碼」，來記錄相關資訊。即使像人類這樣的高等生物，遺傳因子也是只由四個字母代表的資訊組合而成的，聽起來真令人吃驚。

一個人類的細胞當中，大概具有三十億個遺傳因子的資訊，這樣的資訊量如果用書本來換算，大概是每本一千頁、一千本書的龐大數量。而擁有如此龐大資訊的遺傳因子，只是在構成人類的六十兆個細胞當中的一個裡面。

接著，更令人驚訝的是，記錄這些遺傳因子的ＤＮＡ的微細程度：據說地球上全數六十億居民的ＤＮＡ，如果匯聚在一起，總重量還不及一粒米。

在如此微小的空間當中，令人恐懼的是，龐大的資訊一點也不凌亂，而是井然有序地被記錄著。而且地球上存在的所有生物，遺傳因子的密碼都是同樣那四個字母，依此獲得生命而存活著。

思考此事，只能說完全是奇蹟。很難想成這是基於某種偶然與自然而形成的。因此，如果不去設定宇宙間有一種超乎人類想像、卻能掌控宇宙全體的「偉大的事物」，就無法解釋此種現象——村上老師將這種存在取名為「偉大之物」（Something Great）。

到底偉大之物是什麼樣的東西？我們不得而知，但那卻是創造宇宙與生命的偉大的存在。有些人將之稱為神，我則稱為宇宙洪流或宇宙意志。不管怎樣，或許祂真是以人類有限的能力無法知道的事物。

我們應該肯定這種偉大的「不可知」的存在。因為若非這樣，我們就無法說明宇宙的生成發展，或是生命神祕且精細的結構。

我們人類只能向這個偉大的存在，借用生命力來使用。也就是說，宇宙當中，到處充滿形同造物主的手的生命能量，對著所有的東西，不停地給予「生命」。那也可以說是，宇宙想讓所有的生命「活下去」的愛與力量的表現。

例如，三十年前，京瓷做人工合成寶石首次獲得成功時，我就曾感覺到那種宇宙的意志。那是與天然寶石幾乎完全相同成分的人工寶石。例如翠玉，就是用與翠玉成分相同的金屬化合物，從高溫開始慢慢冷卻，用這種方法製造出人工翠玉。

在紅色的溶解液體冷卻的過程中，需要把一小塊稱為種子的天然結晶放入，就像在培育物種一樣，進行再結晶的動作。問題是放入種子的時間點，非常微妙、非常困難。太早放的話，會因為高溫使種子的結晶溶解，太晚放則根本培養不起來。

結果經過七年的嘗試錯誤，最後才成功。在恰好的時間放進的天然結晶，展現出「不斷成長」的樣子，宛如觀看生命成長的過程，此時會讓人思索，一定有某種東西讓它變成這樣才對。

如此例子所示，宇宙當中所有的物質，看得出來都具有生命，宇宙讓所有的東西都「活下去」，有股靜默但強韌的意識、思維、愛、力量、能量……這樣的東西肉眼雖然看不見，但是我覺得確實是「存在的」。

這個力量遍布於無限的空間當中，是所有生命力的根源，控制生命的誕生、成長、消滅，也是宇宙所有事物、事項的母體或動力。

我認為不管你稱祂是宇宙的意志、偉大之物或造物主都行。我想，還是相信這種無法以科學儀器偵測的、不可知的力量與智慧的存在，然後過日子比較好。因為，這樣不只可以決定人生的成敗，也可以消除人類身上傲慢的惡行，帶給人謙虛的美德與善行。

我為何下定決心，進入佛門？

話說宇宙意志或造物主，又是為了什麼，才讓我們出生在這個世界呢？為何給人只有一次的一生，卻又讓人自然地、不停地成長發展？換句話說，我們要如何存活，才能回報如此大的旨意呢？這項自問，雖然是超乎人類智慧的大哉問，但是我認為答案就是「提升心志」而已，別無其他。

我一再重複，希望死的時候，我的心能夠比出生時更善良、更美麗。在生到死之間努力行善，鼓勵自己不倦怠地陶冶性格，希望透過此行為，能讓自己走到人生終點時，靈魂的品格已經比誕生時多少有點提升。我認為，這就是自然或宇宙賜給我們生命的唯一目的。

這是宇宙意志的意圖或決定，人類這種生命最終的目標，應該就只有心志的磨練。我們的人生就是給我們做為靈魂的修行與考驗的道場。

為了磨練這顆心、提升靈魂，日常生活的精進很重要，我也一直在重複陳述這點。換句話說，把釋迦牟尼佛教導的「六波羅密」——布施、持戒、精進、忍辱、禪定、智慧，凝縮起來的修行方法，放在每天的生活當中，心中不停地掛念，就可以讓我們的心和靈魂向上提升。

我是在不完全確定當中，不停地感覺到這樣的道理，然後走過此生。但是，就如先前提到的，當我六十五歲的時候，很想知道人生到底是什麼；還有，我也想得到真正的信仰，因此得以剃度、皈依佛，成為佛門弟子。

在很早以前，我就開始考慮，當我年屆六十歲，就要從現有的崗位退休，成為信奉佛的人。但還曆（六十歲）那一年，因為建構行動電話事業等工作繁重，無法履行願望。到了六十五歲，我想，已不可再延了，因此退居京瓷、ＫＤＤＩ公司的名譽董事長，終於完成剃度。

最早，我考慮到把自己的人生分成三個時期。如果此生壽命定為八十年，第一期的二十年，是從出生到世界，到成長開始步向人生的時期。第二期是二十歲到六十歲、中間四十年的時間，這是出社會，一邊努力自己鑽研，一邊為世界、為人類而工作的時期。

接著是第三期，由六十歲到八十歲之間，也是應該準備迎接死亡（靈魂出遊）的期間。我認為，人類出社會之前需要二十年的準備期，迎接死亡的準備期，同樣也需要二十年。

因為死亡，我們的肉體會消失，但是靈魂卻不會死，會維持永生。因為我相信這件事，因此也認為這一世的死，意味著靈魂開始走向新的旅程。因此面對新的旅行，我們應該做好周全的準備。

我決定用最後二十年的時間，學習人生到底是什麼，為自己的死做好準備。基於這樣的考量，我才決定剃度、皈依。

不完整也無妨，不斷修行就是尊貴之舉

皈依與之後的修行對我而言，還是很嚴肅，而且很新鮮、強烈的體驗。透過托缽之行，更深一層接觸到佛的慈悲。皈依（譯註：原文為「出家」，意思為皈依，並非眞的到寺廟常住）後，如果說有發現新的世界，也有跟以前一樣的地方。例如，努力工作也很好的想法就不曾改變。

「開悟之前，伐木、挑水；開悟之後，伐木、挑水。」有這麼一句禪宗的話。即使進入佛門，我還是待在俗世，過著被塵埃覆蓋的生活。但是我也可以實際感覺到，自己的內心確實已經改變了。

例如，透過修行，重新痛切地感覺到自己的不成熟。我以企業領導人的

身分指導部屬與幹部，做出看似偉大的訓示，把知道的事物寫成書或演講至今，但是我也會反省、承認自己內心隱藏著不負責任、自我厭惡的感覺。

或者說，我的心中重新認知到，真正優秀的人，是藏身在「無名的野地」的人。我認為真正偉大的人，是擁有優美的心的人：可能是一個住在小街內沒有屋頂的房子裡、內心體貼的老太婆，也可能是委身在都會小角落、不斷朝目標努力奮鬥的年輕人。

比起那些名利雙收、功成名就的人，上述這種默默無名的人是多麼「上等」，多麼富於體貼與心境深沉呢？我再度強烈地感覺到。

還有一點，雖然是反向說法。不管如何努力修行，我們凡人也無法突然之間就開悟。普通人想達到開悟的境界幾乎是不可能的，對此我也有深痛的感覺。

剃度儀式時，引導我的師父問我，十條戒律可以遵守嗎？他問我能否

「好好保住戒律？」，我回答「會好好保住」。因此，他才初步答應讓我剃度。我是那樣強力發誓要持戒，才能忝為和尚、成為佛門的一員。即便如此，我還是害怕無法完全守住戒律。

不管多麼努力持戒、重複精進、打坐幾百個小時，我最後還是無法達到大開悟。像我這樣意志力薄弱、無法完全脫離煩惱的人，為了磨練心志，不論做了多少善事，最後既無法完全消除欲望，也做不到經常抱持利他的想法。無論我多麼努力想要持戒，卻無法逃離破戒的命運。包括我在內，所謂的人類，都是如此愚痴、不完美的存在。

問題是，我自己心中已經非常了解：這樣也好吧！為「成為那樣的人」而努力吧！然後努力去做。最後我還是沒有成為那樣的人。問題是，我想達到目標所做的努力，本身就是尊貴的。

就算無法完美地守住戒律，也要有想守的心，以及不守不行的心情。當無法遵守或犯戒之後，則要有誠摯地自我反省、告誡自己的心。這種想法是非常重要的，能保持這樣的心情過日常生活，就算沒有得到大開悟，也可以充分地磨練心志，讓自己得救。上述的事項，是我透過剃度與修行，才開始相信的。

神、佛、或者說宇宙意志，不是愛那些做過什麼的人，而是愛那些努力想做事的人。想做卻做不到，反省為何無法用自己的力量做到，然後第二天開始，又為了想做到而不倦怠、不鬆弛地努力，神就會救助這樣的人。

想要守、想要做的努力，就可以磨練心志嗎？答案是「是的」。這樣就可以拯救我們嗎？答案也是「是的」。也就是說，思考或去做提升心志的過程，本身就非常尊貴。憑藉這些，就可以磨練我們的心。原因就在於，這些就是跟佛的慈悲連結、順從宇宙意志的行為。

心中擁有連結真理的美麗之「核」

我認為人的心是多重的結構，有如很多層的同心圓一般。由外往內大致可以分為：

①智性——後天學會的知識與理論
②感性——掌管五觀、情緒等精神作用的心
③本能——為了維持肉體活動的欲望
④靈魂——真我在此生總結的經驗、業
⑤真我——在心的中心、像核一般的東西，充滿真、善、美。

我也認為，心是以此次序，重疊而成的結構。在我們內心的中心部位具有「真我」，周圍就是「靈魂」，靈魂的外側則由本能覆蓋，我們就以此狀態誕生在這個世界。例如，剛生下來的嬰兒，餓的時候就想喝奶，這就是位於最外圍的本能，所發揮的「業」（作用）。

接著，隨著人類的成長，本能的外側就形成一層感性，再往外一層就產生智性。也就是說，人類在出生、成長的過程中，心也由中心往外側成長，化為很多層重疊。相反的，隨著年齡成長進入老年，也會由外不斷往內產生「脫皮」現象。

例如，人類如果開始癡呆，首先是知識、理論等智性推論的活動力開始衰退，像孩子一樣變得很容易產生情緒。接著感情、情緒也變得遲鈍，變成本能出頭的狀態。最後終於連本能（生命力）也漸漸淡薄，然後慢慢地接近死亡。

在此最重要的是，位居內心的中心部的「真我」與「靈魂」。兩者之間有何不同？真我也有人稱為瑜伽（Yoga），由字面判斷為中核或心的芯，是指真實的意識。佛教稱之為「智慧」，到達此境界時，也就是所謂的開悟，就能理解貫穿宇宙的所有真理。也可以說是神或佛的意志的投影或宇宙意志的表現。

佛教有「山川草木皆能成佛」的說法，也就是萬物之內在皆有佛性寄宿的想法。真我就是這個佛性，也就是讓宇宙維持宇宙形貌的智慧。代表所有事物的本質與萬物依循的真理，真我就存在於我們內心的中心部位。

因為真我就是所謂的佛性，所以是非常優美的東西。真我充滿愛與誠與協調，真、善、美兼容並蓄。人類是欠缺真、善、美就無法生存的生命，因此，在我們內心的正中央就配備著真、善、美，原因就在優美的真我而已。就因為已經預先在內心當中配備好了，所以我們才會不停地要求真、善、美。

遭逢災難是消除業障，要感到欣喜

話說，那個似乎把真我包圍住的東西，就是「靈魂」。如果真我是一絲不掛赤裸的身體，靈魂就相當於衣服。這件衣服上充滿各式各樣靈魂經歷的思考和行為，所有的意識或體驗也蓄積在這裡。這一世自己所做的思考或行為也會不斷添加上去。

也就是說，所謂的靈魂，就是人類好幾次輪迴轉世所累積的，無論善思或惡念，無論善行或惡行，兩者都有，宛如人類的「業」（譯註：即佛教所稱的業障，所謂業障者，就是無始劫來所造的業因，障礙我所行所爲的一切逆境，包含有形無形者，乃至障礙菩提自性的一切困境，稱爲業障）。這些東西就構成所謂的靈魂，以真我為中心，環繞在真我外圍。因此，真我是所有人都相同的東西，而靈魂則依據不同個體而有所不同。

記得我在孩提時期，經常被母親說「你的靈魂很壞」。在鹿兒島，一個人的個性不好或性格扭曲時，就會被這樣說。小時候我的靈魂裡包含一些不好的業障，這些業障讓我部分的心受到污染和扭曲，母親也看得出來我的情況吧！

那麼，沾在靈魂上像污垢一樣的「業障」又是什麼呢？對此，曾經給予我深刻教導的，就是剃度時非常照顧我的西片擔雪師父（原臨濟宗妙心寺派管理長）。

以下是將近二十年以前發生的故事。京瓷因為尚未拿到許可，就產銷精密陶瓷製的人工膝關節，因此遭受媒體的群起撻伐。

主要是因為，京瓷已經產銷精密陶瓷製的股關節，在醫生、病患的強力要求下，將技術應用在膝關節。這對我而言是無意之過，但是我已經覺悟，不想特別辯解，而是甘心接受外界的批判。

我去探訪擔雪師父，告訴他：「最近發生這樣的問題，心煩到受不了。」師父閱讀報紙，也知道我的問題。我以為師父會用溫暖的話安慰我，沒想到他一開口就對我說這樣的話。

「很麻煩吧！但也沒辦法。人只要活著，必定就會受苦。」

接著又對我說出以下的話：

「遇到災難不該心情低落，應該高興才對。透過災難，可以消除到目前還黏在靈魂上的業障，只遇到這一點災難就可以消除業障，稻盛先生，一定要慶祝才行。」

他這番話，讓我產生自己已經得救的想法。把世間對我的批判，看成「上天給我的考驗」，能夠很誠實地接納。這真的比安慰的話更讓我受惠，師父教給我最高等的教義，讓我學到人類活著的意義，接著學到藏在最深處的偉大真理。

比開悟更值得做的是，利用理性與良心磨練心志

提到靈魂等話題時，多少有人會產生拒絕與反感，但是有些證明靈魂的確存在的例子，偶爾也有耳聞或者能夠體驗到。

所謂的「瀕臨死亡體驗」也是其中一種。因病或意外事故一度「死亡」的人，會由上往下俯瞰，發現自己躺在病床上接受治療，無意間窺見到不可思議的世界，得到體驗之後，卻又活了過來。我認識的人當中，也有人具有瀕臨死亡的經驗。

這個人晚上因為心臟病發作被送到醫院，一度心臟停止跳動，經過醫生們拚命的急救又甦醒過來。他說當時他走在開滿花朵的草原，然後看到自己

突然從對面走向他，問他：「你在做什麼？」就在那一刻，他就在病床上醒過來了。

當我從身邊的人聽到這樣的體驗，我就重新思考並理解到，肉體與靈魂是不同的東西。因為這件事告訴我，他在死亡時見到的景色，也是真實的世界。沒想到肉體已經死了，卻可以到不可知的「另一個世界」，而且可以切實地感覺並記住那裡的景色。我因此理解到，所謂的靈魂，存在於跟肉體不同的地方。

如果就佛教認為靈魂會輪迴轉生的思考來看，我們每個人都是帶著到前世為止沾滿的污垢（業障），投生到這個世界。然後再沾上此生的業障往生而去。

然而在靈魂內卻隱藏著真我，也就是優美的佛性，永遠陪伴著我們。如果這個真我可以被挖掘出來，人的心就變得乾淨、美麗，只會做出善良的思考和行為，成為像佛一樣的存在。無法達到此境界，主因是周遭的業障包圍靈魂，接著充滿欲望的本能也覆蓋上來……為了阻擋人類發現真我，干擾的障礙之牆，豎了好多層。

打坐或瑜伽的目的，同樣也是為了磨練心志。只是，方法上是由心的外側往內側，像拋光鏡片一樣磨，試著把外層的牆磨掉。

首先，把最外側的智性磨除，達到感性；接著磨除感性，抵達本能；之後把本能也磨除……就這樣，直到最後的真我出現，不停地磨練。這種修行，就是徹底往內磨練自己的心志，因此開悟就是磨到真我出現的狀態。

透過這種行動，如果達到真我的層次，我們應該就能夠理解宇宙間的真理、得到佛的智慧。還有，達到這種境界的人，完全不受本能、感性所惑，可以採行「為世界、為人類」竭盡心力的生存方式。

問題是普通人無法達到大開悟的境界，凡夫要靠磨練心志、磨到真我的境界，幾乎是不可能做到的。

那麼，如何做才好呢？我認為，努力去挖掘理性與良心，控制感性與本能，養成自我控制的習慣，是很重要的。

順從由真我、靈魂散發出來的理性與良知，把已經確立的倫理、道德觀念植入心中。「為世界、為人類」的思考方式，也就是不跟隨欲望，不去貪圖、求取超過自己所需的東西，把所謂「知足」的生存方式，牢記在心中。

就這樣，抱持著理性與良心，控制本能與感性，步上人生之路，多累積「善的經驗」，這種做法就能跟磨練心志連結，自然就會靠近開悟的境界。靈魂因此而提升的部分，不只此生存在，來世也會承繼下去。

再微小的東西，都有其功能與職責

人類的本質是什麼？我們為何誕生在此世間？我想只要人類活著，這些都是永遠被追究的問題吧！伊斯蘭學、東洋學的專家井筒俊彥（譯註：一九一四年～一九九三年，日本語言學家）先生，針對人類的本質究竟為何，提出以下的解說。

——為了想要了解人類的本質，我開始打坐，結果我接近一種很純粹、奇妙、無限透明感覺的意識狀態，我非常清楚知道自己的存在，但是除此之外的五官感覺全數消失。最後只留下「存在」的感覺而已。就在同時，自己意識到，宇宙萬物都是由只能稱為造化的力量創造出來的。我想，這種意識狀態不就能明示人類的本質嗎？

聽到井筒先生的這番話，日本文化廳長官（譯註：即文化部長）、心理學家河合隼雄幽默地說，這讓人想跟花說：「你這個存在是以花的角色演出，我這個存在則是扮演河合隼雄。」平常我們看到花會說「這裡存在著花（這裡有花）」，現在則是「存在以花示現」，應該可以這樣說吧！

也就是說，如果把某種生物的生物屬性——肉體、精神、意識、知覺——去除，最後「只能稱為存在」的東西就會出現。人類就是以此為核心開始形成的生命。還有這個稱為存在的核，在任何生命裡都是一樣的，只是在這個場合以花的型態出現，在別的場合則變成人類罷了。

因此我也認為，被稱為稻盛和夫的這個人，並非從一開始就在，而是某一個存在偶然用了我的形貌而已。京瓷或ＫＤＤＩ這些企業的創立，並非一定要由我做，只是上天要給人類的角色，剛好由我去飾演而已。

因為每個人都是上天賦予的角色，各自扮演自己的角色。就這點來看，無論是誰，可以說都是同樣重要的存在。就像第二章曾提到的，所有的人、生物、一株草或一棵樹木、甚至道路邊的石頭，每一個都是造物主給的角色。也就是說，都是基於宇宙意志而存在。

事實上，宇宙當中有所謂「能量守恆定律」，宇宙成立時的總能量，就算型態改變，但總量是不變的。例如，把樹木砍倒，鋸成木材燃燒成火焰，原來存在樹裡的能量只會轉化成變成氣體的能量與熱能，但是能量的總和是不變的。

既然如此，那麼就算一顆石子，也是成立宇宙時不可或缺的存在，不論是再微小的東西，只要缺漏了，所謂的宇宙就無法建構成功。

以人類應有的「生存之道」為目標，光明的未來就在其中

就像這樣，宇宙當中存在的萬物，全數都是所謂大宇宙這個生命體的一部分，絕對不是偶然間生出來的東西。無論任何一個，對宇宙而言都是必要的，也因此才會存在。

我認為，其中人類具有更大的使命，因而誕生在這個宇宙中。因為人類具備智性與理性，甚至帶著充滿愛或體貼的心和靈魂，誕生到這個地球——人類真的堪稱是「萬物之靈」，被賦予極端重要的角色與職責。

因此，我們有義務認識這個角色，並且在人生當中，努力磨練自己的靈魂。如果要讓自己的靈魂比剛出生時更優美一點，就得經常重複精進才行。

我認為，這也是針對「人為什麼活著？」這個問題的最佳解答。

拚命努力工作，不要忘記感謝的心情，正向思考、努力做出正確行為，經常用誠實的反省心自律，在每天的生活中磨練自己的心以提升人格。也就是說，拚命實踐這種理所當然的行為，確實是有意義的。除此之外，我想再也找不到人類應有的「生存之道」了。

在迷亂程度愈來愈深的社會中，現在的人猶如徒手在黑夜中摸索前進般地過生活。即便如此，我認為還是必須設想充滿希望與夢的未來。人人過著既充實、收穫又豐富的幸福人生——我的思維是，隨著心中祈願如此優美的社會來到，這樣的夢想就一定會實現。

因為，只要採行如本書所陳述的「生存之道」，無論是個人的人生、家庭、企業、還有國家，必定都能導往好的方向發展，因此招來殊勝、美好的結果。

首先由自己開始，然後是多一個或一些擁有這種行為的人，理解每個人肩負的崇高使命，就人類的立場用正確的態度，持續做正確的事。我相信只要迎向這種「生存之道」，就一定可以迎向光輝燦爛的黎明時刻。

後記

稻盛和夫

以本書書名呈現的「生存之道」，角度並非只限於個人的生存方式，企業、國家甚至整個文明或全體人類，都在觀察的範圍之內。

原因就在於，以上任何一個結構，都是個人的集合體，適合個人的「生存方式」，沒有任何差異。這是我的想法。

即使不斷重複遭遇挫折，身為人類，在為了讓自己活得更好而拚命的青少年時代；或者在實踐經營管理當中，想把人們導向繁榮、成功思考的經營者時代；接著是從事業的第一線退下來，透過信仰不斷思索人生意義的現在——我想，我就是這樣正面、誠實地面對並迎向我的人生，因此能夠一點一滴地確立屬於自己的「生存之道」。

在此書中，我很用心地，想要坦率陳述我腦海中這種「生存之道」。在終於可以擱筆的此刻，我被滿足的感覺包圍。或許那是因為，我能夠適度地道盡自己的思維，所帶來的充足的感覺吧！

這樣的一本書，如果在迷亂的世間當中，能有多一位正在真心摸索「生存之道」的人閱讀，能發揮一點指針的功能，正是作者無法停止的祈願。

此書能夠付梓，有賴 SUNMARK 出版社總經理植木宣隆先生、編輯部的齋藤龍哉先生兩人的盡力協助。也承蒙京瓷執行幹部、秘書室主任大田嘉仁，以及經營研究部的粕谷昌志兩位先生的大力協助。還有其他在本書出版時給予協助的各位，在此誠心感謝。

二〇〇四年七月

國家圖書館出版品預行編目（CIP） 資料

稻盛和夫　生存之道（暢銷紀念版）：人生真正重要的事／稻盛和夫著；呂美女譯. -- 第二版. -- 臺北市：天下雜誌股份有限公司，2025.3
　336 面；14.8×21 公分. --（天下財經；538）
譯自：生き方
ISBN 978-986-398-987-5（平裝）

1. CST：企業管理　2. CST：人生哲學

494　　113003611

稻盛和夫　生存之道（暢銷紀念版）

人生真正重要的事

生き方

作　　者／稻盛和夫 Kazuo Inamori
譯　　者／呂美女
封面設計／Dinner Illustration
內文排版／顏麟驊
責任編輯／劉宗德、賀鈺婷、張齊方、呼延朔璟
校　　對／鄭雅云、莊淑淇

天下雜誌群創辦人／殷允芃
天下雜誌董事長／吳迎春
出版部總編輯／吳韻儀
專書總編輯／莊舒淇（Sheree Chuang）
出版者／天下雜誌股份有限公司
地　　址／台北市 104 南京東路二段 139 號 11 樓
讀者服務／（02）2662-0332　　傳真／（02）2662-6048
天下雜誌 GROUP 網址／ http://www.cw.com.tw
劃撥帳號／ 01895001 天下雜誌股份有限公司
法律顧問／台英國際商務法律事務所・羅明通律師
印刷製版／中原造像股份有限公司
總 經 銷／大和圖書有限公司　電話／（02）8990-2588
出版日期／ 2025 年 3 月 5 日第二版第一次印行
定　　價／ 480 元

書號：BCCF0538P
ISBN：978-986-398-987-5（平裝）

直營門市書香花園　地址／台北市建國北路二段 6 巷 11 號　電話／02-2506-1635
天下網路書店　shop.cwbook.com.tw　電話／02-2662-0332　傳真／02-2662-6048

天下雜誌
觀念領先